装备框架协议招标采购模式的关键问题

林　原　编著

西安电子科技大学出版社

内 容 简 介

框架协议招标作为从招投标实践中摸索总结出的一种新型采购模式，在政府采购以及大型集团公司物资采购中应用广泛。由于框架协议招标模式既保留了传统招标竞争择优、程序规范等特点，同时又具有批量集中采购、供需关系稳定等优势，因此在装备采购中具有广阔的应用前景。本书围绕框架协议招标模式在装备采购中的采购需求决策、中标供应商选择决策、定价机制与份额分配、供应商动态管理四个关键问题展开研究，以期为装备采购提供一种新的招标思路和技术方法。

本书可为从事采购理论研究的高校教师、装备采购部门管理人员等提供策略或政策制定方面的理论支持，也可供采购相关专业的理论研究者和研究生研读参考。

图书在版编目(CIP)数据

装备框架协议招标采购模式的关键问题/林原编著. --西安：西安电子科技大学出版社，2023. 8
ISBN 978 - 7 - 5606 - 6881 - 9

Ⅰ. ①装… Ⅱ. ①林… Ⅲ. ①武器装备—招标—采购管理—研究 Ⅳ. ①E144

中国国家版本馆 CIP 数据核字(2023)第 097716 号

策　　划　陈　婷
责任编辑　张　玮
出版发行　西安电子科技大学出版社(西安市太白南路 2 号)
电　　话　(029)88202421　88201467　　邮　　编　710071
网　　址　www. xduph. com　　　　电子邮箱　xdupfxb001@163. com
经　　销　新华书店
印刷单位　陕西博文印务有限责任公司
版　　次　2023 年 8 月第 1 版　2023 年 8 月第 1 次印刷
开　　本　787 毫米×1092 毫米　1/16　印张　9
字　　数　153 千字
印　　数　1～1000 册
定　　价　32.00 元
ISBN 978 - 7 - 5606 - 6881 - 9/E
XDUP 7183001 - 1

前　　言

装备采购作为装备建设的"入口工程"，是将国家经济实力转化为部队战斗力的重要环节。为进一步提高装备采购效益，近年来全军大力推行竞争性装备采购。招标采购由于能使符合条件的投标人在公平公正的环境下充分竞争，更易获得合理价格，因此在竞争性采购实践中深受采购方和供应商认可，被频繁采用。但是招标采购也暴露出采购效率较低、供需关系不稳定、售后服务难以保证等问题，降低了采购效益，制约了战斗力生成。为此，我们迫切需要对现行招标模式进行研究，从采购源头上把好装备质量效益关，切实提高部队战斗力。

框架协议招标作为一种新型采购理念和模式，既保留了传统招标竞争择优、程序规范等特点，同时又具有批量集中采购、供需关系稳定等优势，能较好地解决装备采购效率低、质量风险大、维修保障难等问题，具有十分重要的应用价值，成为新形势下招标采购的有力补充。目前，框架协议招标模式在装备采购领域尚未有明确的法律法规依据，在实际应用中存在着采购需求决策、中标供应商选择决策、定价机制与份额分配、供应商动态管理等方面的"瓶颈"问题。本书围绕框架协议招标模式应用于装备采购时出现的上述问题展开了较为深入的研究，希望能够为装备采购工作提供一种新的招标思路和技术方法。

本书作者长期从事采购领域研究，参与了多项采购理论研究、规划论证和法规草案编写工作。本书是在作者博士论文基础上修改完善而成的，其中也涉及了近期研究项目的部分成果。作者在撰写本书的过程中，得到了中国人民解放军空军工程大学张净敏教授、中国人民解放军国防大学郭全魁副教授、武警部队工程大学战仁军教授、武警部队后勤学院谢茜教授以及装备业务部门领导的指导和帮助，在此对各位专家和领导表示衷心的感谢。

由于框架协议招标模式在装备采购领域尚属新鲜事物，因此本书仅对该模式在装备采购中应用的理论基础、适用对象和流程，以及涉及的一些关键问题进行了初步的有益探索。需要说明的是，出于保密考虑，示例中的数据都经过了处理，请读者将重心放在理解理论方法本身上。

由于作者水平有限，且本书涉及的理论和方法均在不断发展中，书中难免存在不当之处，敬请读者批评指正。

林　原

2022 年 8 月于西安

目　　录

第 1 章 绪 论

1.1 研究背景及意义

装备是用以实施和保障军事行动的武器、武器系统和其他军事技术器材的统称[1]。装备采购是军队装备部门以支付货币方式获取装备及其技术和相关服务保障的活动[2]，是将国家经济实力转化为部队战斗力的重要环节。近年来，为进一步提高军事采购效益，全军加快推进装备采购制度改革，大力推行竞争性装备采购，使得竞争性采购方式在装备采购活动中的比重逐渐增大。尤其是2015 年，全军武器装备采购信息网向全军装备采购部门、军工民营企业和社会公众全面开放，提高了装备采购的透明度，为竞争性采购创造了良好的环境氛围。

1.1.1 装备招标采购的现状及存在的问题

根据《竞争性装备采购管理规定》，竞争性采购方式主要有招标采购、竞争性谈判和询价采购等。其中，招标采购以其竞争环境公开、程序规范、更易获得合理价格等优势在采购实践中受到军方和承制单位的普遍认可，被频繁采用。随着我国国防和军队现代化建设的快速发展，装备采购需求增长趋势明显，招标比例也在逐步扩大[3]。然而，随着招标频率的增加，装备招标采购在实际应用中也暴露出一些问题。

1. 采购效率偏低

装备招标采购大都按照年度订购计划，采取"一个项目一招"的模式，采购程序正规，但耗时较长，通常需要 45 天左右。当实质性响应的投标人数量不满足招标规定的最低数量、投标人质疑投诉等情况出现时，往往导致流标或者延迟，采购周期进一步拉长，效率偏低。此外，由于各部队担负任务侧重点不同，对装备的需求程度也不一致，很难通过一次招标满足所有部队需求，因而存在同类项目重复采购的情形。对于一定时期内不定期出现或重复出现的一些采购项目，招标人员若按照法定程序"一个项目一招"，则每次招标都要经过相同的程序及规定期限，耗费时间和精力多，采购时效性差，工作效率低；若沿用前次招标结果直接采购，适用范围一般为"近 2 年内"，超出适用期限的同类装备采购项目仍需重新招标。

2. 供需关系不稳定

在招标采购中，采购方和供应商之间以买卖交易为基础，双方处于一种临时性交易关系之中，供需关系不持续、不稳定。一些不良商家存在"一锤子买卖"心态，为获取短期利益，可能出现偷工减料、拖延进度等违约行为。有的商家为了抢占市场恶性竞争，先以低价排挤有实力的竞争对手谋取中标；中标后，为获得自身利润，往往会想方设法压缩成本，产生质量问题隐患。由于缺乏持续稳定的合作关系，军方对商家行为的约束力比较弱，容易使军方自身利益受损。

3. 售后服务难以保证

招标采购一般以装备验收合格、交付部队使用为合同终止条件，承制单位负责装备的技术培训和一定时期内的维修保障。据基层部队反映，一些装备使用周期较长，部分生产厂家已经倒闭或者停产，售后服务难以保证；一些零配件补给周期较长，如各类枪械、特种车辆装备零部件，有的需要重新招标从新的供应商处购买，延长了维修时间；对于一些结构复杂装备或高新技术装备，由于部队自身缺乏维修能力，装备维修保障对地方力量的依赖度很高，许多企业因部队驻地偏远不愿上门维修，导致这些装备平时不敢用、坏了没人修的情况时有发生，影响了部队的战备工作和训练任务[4]。

针对装备招标采购中存在的实际问题，迫切需要对现行招标采购模式进行改进，从采购这一源头上把好装备质量效益关，切实提高部队战斗力。

1.1.2　框架协议招标模式在装备采购中应用的可行性

框架协议招标作为国际上一种新型采购理念和模式，是对一定时期内需求量大、采购频次高、技术标准统一、供需相对稳定的货物或服务采用集中统一的方式进行一次招标，采购方与中标人就价格、数量等要素形成框架协议的一种采购方式[5]。这种采购模式用一次集中招标代替多次重复招标的工作流程，提高了采购效率，可作为新形势下招标采购的有力补充。

将框架协议招标模式应用于装备采购实践中的依据主要有四点。

1. 符合竞争性装备采购的政策导向

2005 年，中央军委转发原四总部《关于深化装备采购制度改革若干问题的意见》，提出要"大力推进竞争性装备采购"，并出台了《关于加强竞争性装备采购工作的意见》《竞争性装备采购管理规定》等政策规定，明确了竞争性装备采购的原则、方式及实施办法，体现出了竞争择优、提高采购效益的鲜明导向。框架协议招标本质上仍然是一种招标采购方式，它通过竞争的方式获取质优价廉的装备，符合竞争性装备采购的政策导向。此外，2021 年 11 月，中央军委下发的《军队装备订购规定》明确提出"编配范围广、订购数量多的装备，应该按照规定实施集中采购""对规划数量和战术技术状态已经明确的装备，可以订立装备订购长期合同"，这为框架协议招标的应用提供了可行的政策依据。

2. 顺应军委集中统管的指示精神

随着军队领导指挥体制改革工作的逐步落地，全军武器装备建设步入了集中统管的新阶段。各军兵种武器装备采购权限得到进一步明确，区分了各自的主责装备，有效避免了过去"各买各的"造成的"同类装备不同型号标准"的问题。集中统管模式不仅有利于实现通用装备的集中采购，形成批量规模和价格折扣，而且有利于统一各类装备型号标准，降低维修保障的难度和成本。框架协议招标适用于需要批量集中采购且技术标准统一的产品，这与中央军委集中统管的指示精神相契合，有利于实现装备的集中统采和标准化采购。

3. 具备成熟的装备市场环境基础

近年来，国家和军队先后颁布了一系列法规制度，引导优势民营企业参与军品研制生产[6]。在这一背景下，许多民营企业涌入装备市场，为装备采购带来了竞争活力，市场环境日趋成熟。与此同时，大量企业的竞争也不同程度地造成了资源的拥挤，良莠不齐的生产厂商也给装备质量埋下了隐患。框架协议招标以其较大的采购规模、资金优势以及稳定的合作关系，对军工企业和民营企业具有强烈的吸引力，这不仅有利于推动企业间竞争，使军队采购到质优价廉的装备，而且可以通过优胜劣汰，进一步优化装备供应商结构，促进社会资源的有效分工。

4. 促进采购成本节约和效益提升

由于各部队担负任务的侧重点不同，对装备的需求程度也不一致，很难通过一次招标满足所有部队需求，因此存在同类采购项目重复招标的情形，增加了招标成本；另一方面，受承制单位生产能力、经营水平和外部环境影响，若选择一家承制单位，则容易出现"拖进度、降指标、涨经费"等"老大难"问题。而框架协议招标具有批量集中采购、中标人数可不唯一等特点，能有效规避上述问题。此外，当部队遇到特殊情况需要应急采购时，传统的采购方式和报批程序往往难以满足应急保障的时效性要求。若采取框架协议招标模式进行采购，则在协议期内，采购部门可根据需求直接向协议供应商下订单，由供应商直接向需求单位供货，大大缩短了响应时间，简化了采购程序，同时交付时间更加灵活，能较好满足各部队的精益化采购需求。

1.1.3　应用框架协议招标模式面临的问题

　　框架协议招标模式既保留了传统招标竞争择优、程序规范等特点，同时又具有批量集中采购、供需关系稳定等优势，能较好地解决装备采购效率低、质量风险大、维修保障难等问题，具有十分重要的应用价值。然而，在实际应用中，受合作期限较长、中标人数可不唯一、采购总量可调整等特点影响，不能直接套用传统招标的程序和方法；另外，由于装备市场的特殊性，并非所有装备类型都适合采用框架协议招标模式。因此，要在装备采购中应用该模式，就面临着装备种类数量的确定、中标供应商的优选、供应商数量的选择、价格机制的制定、采购份额的分配、协议供应商的管理等诸多问题。

1.1.4　研究意义

1. 理论意义

　　通过论证框架协议招标模式在装备采购中应用的可行性，研究应用框架协议招标的理论依据和技术方法，可填补军队竞争性采购方式中关于框架协议招标的理论空白，为该模式的推广应用提供科学的理论指导。

　　框架协议招标作为招投标实践中摸索总结的一种新型采购模式，在政府采购以及大型集团公司物资采购中应用广泛。而装备由于其特殊性，其采购较少采用框架协议招标模式，且该模式目前缺少明确的法律法规依据，在实际应用中受中标人数可不唯一、合作期限较长等特点影响，不能直接套用传统招标的程序和方法，需要重新设计操作流程。因此上述过程存在采购需求决策、中标供应商选择、价格机制制定、采购份额分配、协议供应商管理等问题。本书围绕这些关键问题进行深入研究，从而为装备采购提供一种新的招标思路和技术方法。

2. 实践意义

　　框架协议招标模式兼顾了装备采购的军事和经济效益要求，能有效降低装备采购成本和风险，是确保装备质量效益、提升部队战斗力的有效手段。

　　不同于地方企业以经济利益最大化为采购目标，装备采购首要考虑的是

"军事账"，而非"经济账"。装备采购作为关乎部队装备建设发展的源头工作，必须把好质量效益关，保证装备的持续战斗力。框架协议招标模式不仅通过招标竞争的方式获取优质供应商和合理价格，而且以较长的合作期限确保了装备的质量和后续保障，兼顾了军事性和经济性目的，能够有效提升装备采购的整体效益和部队战斗力。

1.2　研　究　综　述

本书围绕框架协议招标在装备采购中应用的关键问题展开研究，通过广泛检索和梳理国内外文献资料，可以将相关研究成果归纳为关于框架协议招标采购的研究、关于供应商选择与评价的研究、关于招标采购价格的研究和关于采购份额分配的研究四个方面。

1.2.1　关于框架协议招标采购的研究

框架协议(Framework Agreement)招标采购作为一种新型招标方式，是从框架协议采购中逐步发展而来的。框架协议采购最初是一种政府采购方式，在西方国家政府办公用品、通用设备、基础设施建设材料等采购项目中应用广泛[7]。框架协议在不同国家的名称有所区别。美国《联邦采购法》中将框架协议称为"不定期交付合同""不定量供应合同""任务单和交货单合同""多项授标计划"[8]。欧盟 2004 年修订的采购程序(2004/17/EC)指令中，将这种采购方式直接称为"框架协议"。澳大利亚制定了一种"团组安排"的类似制度，规定采购实体可与多个供应商订立"长期有效报价契约"。在我国政府采购中，框架协议采购通常被称为"协议供货"和"定点采购"。2008 年 9 月，联合国贸易法委员会将框架协议作为《贸易法委员会货物、工程和服务采购示范法》(简称《采购示范法》)讨论的重点之一。目前，框架协议采购已成为一种新型主流采购模式，在大多数国家和地区政府采购中被推广应用[7]。

在广泛应用的过程中，框架协议采购也暴露出一些弊病：一是协议供货的监管难度很大，无法避免一些协议供货商提供价高质次的产品[9]；二是一些采购人员利用权力与供应商勾连，指定协议供应商，影响了采购效益[10]；三是协议供货中的"二次竞价"环节给了需求单位一定的自主选择权，如果监管不力，容易成为个别单位规避集中采购的"幌子"[11]。此外，协议供货使用单位的自主采购权容易引发协议供应商对采购人员进行点对点"公关",引发腐败问题[12]。

　　针对框架协议采购价格虚高、暗箱操作、监管困难等问题,各国普遍反映,框架协议采购要通过公开竞争的程序进行。招标作为一种公开公平、竞争择优的阳光采购方式,受到大众的普遍认可。经过长期的实践摸索,人们逐渐总结出了一种新型采购模式,即框架协议招标采购。

　　在我国政府以及大型集团公司物资采购实践中,框架协议招标采购已经得到了广泛应用,并取得了积极效果。马倩、潘国庆[13]认为,框架协议招标可作为战略供应商合作模式与招标采购相结合的切入点,并利用中石油通过框架协议招标完成了仪表电器招标项目采购节约了 1 亿资金的案例阐述了该模式的有效性。王倩倩、冯罡[14]分析了框架协议招标与现行招标法律的矛盾,总结了框架协议招标的特点及优势。蔡宇涛[15]提出框架协议招标需在前期规划、价格分析、供应商评价等方面加以重视和改进。刘栋国[16]分析了传统招标采购存在的弊端,研究了框架协议招标的含义、类型、适用条件,提出了立法建议。田洪辉[17]认为,框架协议招标不是简单的一次性买卖交易,而是企业通过对供应商进行开发、评估、绩效考核,与之建立稳定的合作关系,达到双赢的目的。

　　在军事领域,李莉[18]认为框架协议招标模式可为物资采购管理带来革新,并将采购流程设计为前期准备、技术评标、商务评标、框架协议的履行与控制四部分。她在应用改进建议中提出,要加强需求计划管理,摸清物资使用规律,确定框架协议招标采购范围。尹相平、杨成昱[19]从招标方式、招标文件编制、评标方法、框架协议时间和总体数量四个方面提出装备维修器材购置采用框架协议招标的方法建议。张祚良等[20]对海军装备框架协议招标的可行性进行了分析,阐述了存在的风险,提出了对策建议。

　　目前关于框架协议招标采购的研究,主要集中在框架协议招标采购的概念、特点、优势、实施流程、法律问题等方面,对实际应用中存在的问题仅从定性角度给出对策建议,缺少科学的理论和方法支撑,涉及军事领域采购应用的研究也十分有限。

1.2.2　关于供应商选择与评价的研究

　　供应商的选择和评价直接决定着采购的质量和效益,是采购工作中最重要的内容。

1. 供应商选择与评价准则研究

1966 年，G. W. Dickson[21]最早对供应商选择评价问题进行研究，他通过整理 273 位采购经理的问卷结果，归纳出选择供应商的 23 条准则。此后，许多学者以 G. W. Dickson 的准则为蓝本，对供应商评价准则问题进行了研究和拓展。C. A. Weber[22]回顾了 1967 年到 1990 年关于供应商选择评价的 74 篇文献，Zhang 整理了 1992 年到 2003 年的 49 篇文献[23]，W. Ho[24]归纳了 2000 年到 2008 年的 78 篇文章，按照各项准则被引用的文献数量来排序，相关结果如表 1－1 所示。

表 1－1 1966—2008 年间供应商评价准则关注度变化情况

序号	评价准则	Dickson(1966)		Weber(1991)		Zhang(2003)	Ho(2010)
		重要性等级	重要性描述	文献篇数	文献百分比/%	被引用的频次高低排序	文献篇数
1	质量	1	极端重要	40	54	2	68
2	交货期	2	相当重要	44	59	3	64
3	价格	6	相当重要	61	82	1	63
4	生产能力	5	相当重要	23	31	4	39
5	技术能力	7	相当重要	15	20	5	25
6	组织管理	13	一般重要	10	14	8	25
7	行业声誉	11	一般重要	8	11	12	15
8	财务状况	8	相当重要	7	9	6	23
9	历史业绩	3	相当重要	7	9	9	
10	售后服务	15	一般重要	7	9	13	35
11	服务态度	16	一般重要	6	8	19	
12	包装能力	18	一般重要	3	4	14	
13	操作控制	14	一般重要	3	4	10	
14	培训能力	22	一般重要	2	3	15	

序号	评价准则	Dickson(1966)		Weber(1991)		Zhang(2003)	Ho(2010)
		重要性等级	重要性描述	文献篇数	文献百分比/%	被引用的频次高低排序	文献篇数
15	程序合法性	9	相当重要	2	3	16	
16	雇佣关系	19	一般重要	2	3	17	
17	沟通系统	10	相当重要	2	3	11	
18	互惠安排	23	不太重要	2	3	20	
19	以往印象	17	一般重要	2	3	21	
20	业务预期	12	一般重要	2	3	22	3
21	以往业务量	21	一般重要	1	1	23	
22	地理位置	20	一般重要	16	22	7	
23	担保及赔偿	4	相当重要	0	0	18	3
24	研发能力						24
25	柔性/机动性						18
26	安全和环境						3

从表1-1可以看出，虽然不同行业对供应商选择与评价的准则会有所区别，但质量、交货期、价格、生产能力等一直都是供应商选择中最受关注的评价准则。另一方面，随着时代的发展和环境的变化，企业管理理念不断更新，市场需求偏好日趋差异化，对供应商的关注点也发生着变化，研发能力、柔性/机动性、安全和环境等一系列新的评价准则也逐渐进入供应商选择的考虑范畴中。

国内方面，华中科技大学 CIMS-SCM 课题组最早对供应商选择问题进行研究，发现产品质量、价格、交货提前期、批量和品种柔性是出现频率较高的评价指标[25]。林勇、马士华[26]结合调研数据归纳出供应商评价的 4 个一级指标，即质量系统、结构与生产能力、企业业绩、企业环境。刘进、郭进超[27]认为,供应链环境下的供应商选择标准应包括质量体系、产品和服务能力、内部运营能力、合作水平 4 个方面。何智民等人[28]从军队采购角度,提出供应商评价应包括质量、服务、信誉、环境、稳定性等关键指标。郭伟等人[29]根据已有研究成果和当前形势,提出供应商评价准则必须要跟随市场竞争大环境的变化而不断调整。

供应商的选择与评价总体上都包含了价格、质量、交货期和服务四项基本准则,只是基于不同的研究视角和应用领域,各项准则的权重分配会有所不同。随着供应链管理理念的不断深入,选择合适的供应商已不再只是追求降低成本,而是为了建立稳定的合作关系。在供应链管理思想的指导下,供应商的产品质量、准时交付、生产柔性、响应速度、售后服务、持续供应能力等,显得越来越重要。

2. 供应商选择与评价方法研究

指标体系的建立为供应商选择提供了评价依据,但要筛选出理想的供应商,还需要科学的分析方法作支撑。常用的分析方法包括定性分析法、定量分析法、定性与定量相结合分析法三类。

定性分析法是根据采购人员以往经验判断选择供应商的决策方法。这种方法高效简便,但容易受到专业人员素质影响,主观性较强,风险较大。常用的定性分析法如直观判断法、协商选择法等,具体适用范围见表 1-2。

表 1-2　常用的定性分析法

名称	描　　述	适用范围
直观判断法	参考供应商信息资料,根据以往经验和主观判断,评价各供应商的优劣	规模较小、供应商类型比较单一的企业
协商选择法	与几家实力较强的供应商进行协商,从中选出符合采购需求的供应商	采购时限短、技术较复杂的采购项目

定量分析法是采用现代数学方法对评价指标进行量化处理,根据计算结果选择供应商的决策方法。这种方法的优势是通过数据计算得到的结果比较客观,可在一定程度上避免人为因素;缺点在于计算之前需要收集大量数据,决策效率偏低,计算结果有时存在不符合实际的情况。现行主流的定量分析法有线性权重法、采购成本比较法、数据包络分析法(Data Envelopment Analysis,DEA)等,具体适用范围见表 1-3。

表 1-3　主流的定量分析法

名称	描　述	适用范围
线性权重法	有经验的相关人员赋予指标权重,通过专家打分综合指标权重得到各供应商评价总分进行选择	政府和军队采购评标中应用较多
采购成本比较法	比较供应商的各项成本之和,选择成本较低的供应商	产品质量、服务水平达到采购方要求的供应商
数据包络分析法	将目标单位与同类单位进行逐项指标对比,分析目标单位投入产出转化效益的相对有效程度,通过效益值对比,做出优劣评价	解决多个输入和多个输出的决策问题

　　由于定性和定量分析法各有优劣,而供应商选择实际上受定性、定量多种因素的综合影响,因此,目前研究中多采用定性与定量相结合的分析方法。这样既能较为客观地反映供应商的情况,又能发挥主观经验的作用,使评价结果更加准确和实用。常用的定性和定量相结合分析法及其具体适用范围见表 1-4。

表 1-4　常用的定性和定量相结合分析法

名称	描　述	适用范围
层次分析法	将复杂问题分解为多准则的若干层次结构,通过计算两两比较的判断矩阵特征向量,得到不同方案的重要性排序	解决多准则、多方案、目标值难以定量描述的决策问题
模糊综合评价法	构造供应商各项指标的模糊隶属度函数,根据指标权重和评语集,得到各供应商的综合隶属度评价	解决评价对象具有模糊性和不确定性的决策问题
神经网络法	模拟人的大脑运作模式,通过样本学习进行归纳总结,分析识别目标的重要性程度,从而对判断目标的优劣做出判断	必须有大量样本数据作支撑
理想解法	根据多个评价对象与理想化目标的接近程度进行优劣排序	解决多对象、多指标的优选问题

　　还有一些学者偏好采用多种定性、定量方法有机结合进行研究,这些方法如 AHP-BP 神经网络、AHP-TOPSIS、AHP-DEA、DEA-ANP、DEA-Delphi、DEA-TOPSIS、熵权 TOPSIS、灰色关联改进 TOPSIS,等等。多种方法相结合,可以弥补单一方法的劣势,拓展适用范围,提高决策的科学性和准确性。

在装备采购实践中，通常采取线性权重法，即常说的专家打分法，对供应商进行选择和评价。这种方法的优势在于不仅考虑了供应商的各项指标因素，而且操作简单，有利于对各供应商的综合实力进行较为准确的测定。但该方法也有一定的缺陷，容易受专家专业水平、实践经验以及个人偏好等因素的影响。另外，采用精确数值对定性指标进行量化有时难以准确反映专家主观评价的模糊性和不确定性。

1.2.3　关于招标采购价格的研究

招标采购的价格通常取决于中标供应商的报价。招标方的竞标规则、竞争的激烈程度等因素，都会影响投标人的投标策略，进而影响最终的采购价格。影响采购价格的因素复杂多样，包括投标人生产成本、产品质量、交付期、市场价格、投标人数量、采购规模等。

S. Dasgupta 和 D. F. Spulber[30]研究了由采购数量确定的投标人最优报价策略。Y. K. Che[31]采用非对称信息博弈理论，提出了价格、质量二维属性采购拍卖模型。F. Branco[32]以 Y. K. Che 的模型为基础，设计了投标者成本关联情况下的拍卖机制。A. S. Chen 等人[33]通过建模分析，发现信息不对称对拍卖成交价格有显著影响。L. Rezender[34]提出买方对标的物的属性偏好会影响竞标方的报价策略，进而影响成交价格。L. I. Castro 和 M. A. Frutos[35]研究发现正向拍卖与逆向拍卖的最优报价策略可以进行类比。S. Campo[36]发现，竞标方的风险厌恶水平受企业规模、信誉、投标经验影响，并通过模拟数据验证了风险厌恶水平越高，招标成交价格越低。

国内方面，杨颖梅[37]研究了独立私有成本条件下的招标模型。夏晓华、王美今[38]通过数值模拟发现，私人价值模型和关联价值模型下竞拍人整体情绪变动对最优保留价有不同影响。王明喜等人[39]采用简单加权法对拍卖评分函数进行改进，通过比较风险中性和风险规避条件下投标人的不同均衡策略，发现风险规避者的报价更低、质量更高。朱阁等人[40]指出，政府采购中政府以社会福利最大化为目标，而投标方以个人期望收益最大化为目标，双方目标的不一致导致政府采购价格比投标方的最优均衡价格要高。潘香林[41]研究了企业采购和政府采购两种环境下的多中标人多属性逆向拍卖问题，分别建立了歧视性价格和统一价格下的多属性拍卖模型，给出了相应模型下参与者的最优策略。

军队装备招标采购的价格通常以中标人的报价为准，在框架协议招标采购中，由于中标人数量的不唯一性，各供应商基于自身风险偏好和利益最大化目标，报价很难达到一致。当采购方选择多个中标人时，如何制定合适的定价机制,既能适应采购方采购要求,又能实现供应商激励相容,是应用框架协议招标模式面临的一个重要问题。

1.2.4 关于采购份额分配的研究

采购份额分配问题属于典型的目标优化决策问题,通常采用数学规划的方法,建立单目标或多目标规划模型进行求解。

单目标规划模型是解决供应商采购份额分配决策问题最常用的方法之一,具有建模简单、计算方便等特点。R. Narasimhan 和 L. K. Stoynoff[42]建立了需求确定的采购量分配基础模型。A. C. Pan[43]在基础模型中加入了产品质量、交货期、服务水平等约束条件,建立了总成本最小化的线性规划模型。S. H. Ghodsypour 和 O. C. Brien[44]针对多阶段、多供应商、无折扣的采购量分配问题,构建了采购、运输、存储总成本最小化的混合非线性整数规划模型。R. M. Ebrahim 等[45]针对各类价格折扣条件下的采购量分配问题设计了一种分散搜索算法。韩卫军等人[46]运用 NSGA-Ⅱ算法得出了刚性约束条件下的采购份额最优分配方案。李武等人[47]针对随机时变需求下具有最小总量承诺的多阶段订单分配问题,建立了随机非线性规划模型,并提出了一种启发式算法。

相比于单目标规划,多目标规划更加符合实际采购中采购方多方面需求的情况,因而得到了广泛的应用。C. A. Weber 和 J. R. Current[48]构建了单产品、多货源、无价格折扣条件下的多目标线性规划模型,该模型成为采购量分配问题的经典多目标优化模型。Sawik[49]在考虑价格折扣、供货质量、交货准时性的基础上,分别建立了单目标和多目标的供应商订单分配模型。N. Arunkumar 等人[50]分别以不合格产品数量最小、非准时交货数量最小、总采购成本最小为目标,建立了考虑价格折扣的多目标混合整数线性规划模型。

近年来,一些学者将供应商采购量优化问题的约束条件从确定环境拓展到不确定环境,进一步提高了优化模型的适应性。N. S. Salman 等人[51]建立了一个存在多产品、多价格的两阶段模糊多目标线性规划模型,该模型能够有效解决不确定环境中的供应商订单分配问题。K. S. Moghaddam[52]以逆向物流系统供应商订单分配为例,构建了供应和需求不确定条件下的模糊多目标规划模型。何利芳等人[53]针对生鲜食品易变质的特性,建立了供货不足条件下采购量分配的多目标随机优化模型。孟懂懂[54]以需求不确定和批量折扣为假设条件,建立了一个考虑总成本、质量和交货提前期的多目标优化模型。闫燕等人[55]针对装备制造企业绿色供应商交货数量不确定的订货量分配问题,以最小加工批量为约束,以环境效益、采购成本及产品延期程度为准则,构建了随机整数规划模型,等等。

1.3　研 究 思 路

　　目前框架协议招标模式尚未有明确的法律法规依据，在实际应用中，受合作期限较长、中标人数可不唯一等特点影响，不能直接套用传统招标的程序和方法，需要重新设计操作流程。这个过程存在着采购装备种类数量的确定、中标供应商的优选、供应商数量的选择、价格机制的制定、采购份额的分配、协议供应商的管理等一系列问题。本书结合框架协议招标在装备采购中应用的操作流程，将上述问题归纳为采购需求决策、中标供应商选择、定价机制与份额分配、供应商动态管理四个关键问题展开深入研究，为该模式在装备采购实践中的推广应用提供科学的理论和方法指导。

第 2 章　框架协议招标模式在装备采购中应用的理论基础

　　对概念、理论的清晰理解和准确把握,是顺利开展研究工作的重要前提[56]。本章围绕框架协议招标的相关理论进行探讨,重点厘清框架协议招标与框架协议采购、传统招标的关系,进而界定框架协议招标在装备采购中的适用条件和应用流程,为后文的研究奠定理论基础。

2.1　框架协议招标采购的内涵

2.1.1　框架协议招标采购的定义

　　框架协议招标(Framework Agreement Bidding)也称招标框架协议[57]、框架招标等,是在一定时期内,对于重复使用,且规格、型号、技术标准与要求统一、采购频次高、供求市场相对稳定的货物或服务采取一次集中招标,招标人与中标人形成货物和服务采购框架协议的一种采购方式。

　　协议是从事某项活动各方当事人之间的一种约定,也可称为契约、合约或合同。契约是经济学和法学中的一个重要概念,是伴随着生产交换关系的产生而出现的。新古典经济学认为,交易本质上是一种契约关系,契约是交易双方经过探讨协商形成的一致意见[58],包括完全契约和不完全契约。从法学视角来看,契约是双方当事人正式的、具有法律效力的一系列合意,规定了双方的权利义务,具有自由性、公正性和强制性等特点[59]。框架协议招标的"协议"属于一种正式的不完全契约,协议中一般只约定有效期内货物或服务的技术标准、规格及单价,不约定或大致约定采购标的数量和合同总价。

　　框架协议招标采购用一次集中招标代替多次重复招标的流程,以招标的形式确定合作供应商,同时明确采购标的的规格、型号、技术等实质性条款。根据需要,供应商数量可以是一个或多个。在协议期内,采购方可与供应商签订多个订单,分批次供货,从而形成相对稳定的供需关系。

2.1.2　框架协议招标采购的发展历史

框架协议招标采购作为一种新型招标方式，是从框架协议采购中逐步发展而来的。

框架协议(Framework Agreement)采购是通过集成一定时期的需求，采购方一次性与供应商签订提供货物、工程和服务的协议，在协议有效期内，供应商可不定期、不定量、多次分散提供货物和服务的一种采购方式[60]。通过框架协议，改变了"一单一采"和"一单一结"的传统采购模式，采购方和少数有实力的供应商之间形成了较为稳定的供需关系，大大减少了重复采购和频繁更换供应商的工作量。

1. 框架协议采购的由来

框架协议采购最早起源于西方发达国家，在长期的商业往来活动中，采购方和供应商之间建立了比较可靠的信用关系，双方愿意达成长期供货协议，从而发展出这种采购方式[7]。

美国将框架协议采购称为"不定期交付合同""不定量供应合同""任务单和交货单合同""多项授标计划"，作为标准竞争性授标程序的一种替代做法，由美国联邦总务署(General Services Administration，GSA)的联邦供应服务中心组织实施。GSA 在同各生产厂家的谈判中能够充分发挥政府集中采购的规模效应和框架协议有效期限较长的优势，为联邦政府各部门提供质优价廉的产品[8]。2010 年，联合国国际贸易法委员会政府采购工作组进一步推进在《采购示范法》草案中使用框架协议采购的工作进程[7]。当前，世界上大多数国家和地区在政府采购实践中普遍推广应用框架协议采购。

2. 框架协议采购在我国的应用

我国财政部在《政府采购货物和服务招标投标管理办法》中规定了政府采购货物和服务可以实行协议供货采购和定点采购[13]。

协议供货采购是由采购机构通过竞争性方式，确定协议供应商及其产品的名称、规格、型号、限价、采购渠道、供货时限以及售后服务等，由使用单位在协议有效期内自主选择其中一家供货商及其产品的一种采购方式[11]。定点采购是由采购机构通过竞争性方式，综合考虑产品的质量、价格、售后服务等因素，择优确定一家或几家协议供应商，与其签订定点采购协议，由定点供应商在协议有效期限内向需求用户提供有关产品的一种采购方式[61]。从定义上可以看出，协议供货采购和定点采购都属于框架协议采购的范畴。

相比于传统采购模式，协议供货采购和定点采购在简化采购流程、稳定供需关系、缩短采购时间、提高采购效率等方面作用较为明显，体现了框架协议采购的优越性，在我国政府以及部队采购中应用比较广泛，但也暴露出一些问题，引发了一些争议。一方面，这两种采购模式均通过形式上的集中采购确定入围供应商及货物的质量、价格标准等，在日常采购中仍是以各使用单位为采购主体的分散化采购，使框架协议采购变成了名义上的集中采购，实质上的分散采购[12]。大订单被拆分成一个个小订单，集中采购的规模优势大打折扣。另一方面，由于协议供应商的数量往往不止一家，使用单位在选择协议供应商时具有一定的自主性，有的甚至可以进行"二次竞价"，在这样的制度安排下，如果监管不力，极易引发"寻租""公关"等腐败行为，影响采购市场的公平竞争[11]。而协议供应商必然会把这些"公关"成本转嫁到采购价格中，进而抬高采购价格，使协议价格高于市场平均价。

　　针对框架协议采购引发的价格虚高、暗箱操作等问题，各国普遍反映，框架协议采购要通过公开竞争的程序进行。招标作为一种公开公平、竞争择优的阳光采购方式，受到大众的普遍认可，经过长期的实践摸索，人们逐渐总结出了一种新型的框架协议招标采购模式。

2.1.3　框架协议招标采购与框架协议采购的关系

　　据文献检索发现，国内一些学者在研究框架协议招标采购时，常常将其与框架协议采购的概念混同。究其原因，主要是目前国内尚未有关于框架协议招标采购的权威解释，不同学者基于各自的应用实际对其进行理解，从而产生概念上的混淆。本书依据联合国《采购示范法》中关于框架协议的有关规定以及我国采用框架协议的实际，将框架协议招标采购理解为一类特殊的框架协议采购，二者之间是从属关系。相比于框架协议采购，框架协议招标采购方式更加明确、适用对象范围更窄、集中采购特征更加明显。

1. 框架协议招标采购方式更加明确

　　《采购示范法》规定，拟订立框架协议采购的实体在挑选供应商时，应当采用公开的招标程序或用于任何其他采购的同等程序，以确保采购程序严格有序地进行[14]。《采购示范法》对于框架协议采购的程序只作了宏观上的指导安排，各国可根据具体国情进行应用。以我国为例，根据采购对象的不同，可采取招标、谈判等竞争性手段确定协议供应商。而框架协议招标以招标的方式挑选供应商及其产品，采购方式更加明确，社会上所有符合条件的潜在投标人都有权利参与竞争。另外，招标信息公开透明、程序规范有序，实现了投标人的公平竞争和采购过程的有效监督，有助于采购方寻找到实力更强、更加符合采购需求的供应商。

2. 框架协议招标采购的适用对象范围更窄

《采购示范法》第 32 条规定了框架协议采购程序的适用条件，一是对采购标的的需要预计将在某一特定时期内不定期出现或重复出现的；二是由于采购标的的性质，对该采购标的的需要可能在某一特定时期内由于紧急情况而出现的[14]。可见，框架协议采购的适用条件比较宽泛。在我国，框架协议采购被广泛地应用于货物、工程和服务采购中；而框架协议招标采购的适用对象为一定时期内需求量大、采购频次高、技术标准统一、供需相对稳定的货物或服务，适用对象的范围更窄，针对性更强。

3. 框架协议招标采购的集中采购特征更加明显

《采购示范法》中框架协议采购标的为"某一特定时期内不定期出现或重复出现的，或由于紧急情况而出现的"，是对一定时期内采购标的的集中采购。但在实际应用中，由于招标方和实际采购方相互分离，日常采购往往是以使用单位的分散化采购为主，集中采购的规模优势大打折扣。而框架协议招标采购作为一种批量集中采购方式，采购主体具有唯一性，不存在协议供货采购中招标方和实际采购方的分离。各下属单位只有提出需求的权利而无自主采购权，采购机构对各单位需求进行集中分类汇总，适时向协议供应商进行批量采购，不仅实现了真正意义上的集中采购，也防止了暗箱操作等不正当交易行为的发生。

综上分析，框架协议招标采购实质上是以招标为主要实现形式的一类特殊的框架协议采购（如图 2-1 所示），兼顾了招标采购和框架协议采购的优势，是当前框架协议采购的主要发展趋势。

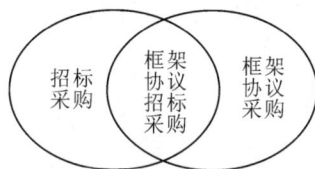

图 2-1　框架协议招标采购与招标采购、框架协议采购的关系

2.1.4　框架协议招标采购的理论依据

框架协议招标采购中，供需双方通过协议建立起长期稳定的供应关系，形成了典型的供应链采购模式。由于双方的合作始终围绕协议规定的内容展开，因此本研究的理论依据主要来源于供应链契约理论。

供应链是由多个独立经济实体组成，通过物流、资金流、信息流相互联结形成的一个网链结构。供应链起始于供应的源点，结束于消费的终点，通过计划、获得、存储、分销、服务等活动在顾客和供应商之间形成一种衔接。在分散的供应链系统中，每个供应链成员都是以自身利益最大化为目的进行决策的，这就不可避免地损害了供应链的整体利益，产生"牛鞭效应"（Bullwhip Effect）等低效率现象。如何协调各成员的行为以实现供应链整体利益最大化就成为供应链管理中的一个重要问题[62]。由于供应链成员之间的相互联结要通过契约的执行来维持，因此，学者们开始将契约理论运用于供应链管理中。

作为经济学的一个重要分支，契约理论将各类交易行为看作是一种契约关系，在契约缔结过程中，由于双方信息的不对称，当事人可能会出现道德风险、逆向选择、敲竹杠等问题。契约理论通过设计一系列机制或制度来约束交易双方的行为，实现社会福利的最大化[63]。1985 年，B. A. Pasternack 最早提出了供应链契约的概念[64]。供应链契约是通过提供合适的信息和激励措施，保证买卖双方协调、优化销售渠道绩效的有关条款[65]。其本质上是一种激励协调机制，通过对契约中有关采购数量、库存方式、定价策略、信息共享以及利润分配等问题进行约定，使供应链各方的利益和整体利益都得到提升，实现经济学意义上的帕累托（Pareto）改进[66]。

本书研究框架协议招标采购在装备采购中应用的关键问题，实质上就是针对协议中有关采购装备的类型及数量、供应商数量、定价策略、份额分配、供应商管理机制等问题展开具体研究，通过设计合理的方法和机制，促使各方自身最优决策和整体最优策略相一致，实现供应链整体利益的最大化。

2.2　框架协议招标采购与传统招标采购的比较及优势

2.2.1　招标采购概述

招标采购是一种典型的竞争性采购方式，我国法律法规及军队采购相关法规制度都对招标采购的范畴进行了明确规定。

就装备采购而言，公开招标是通过发布招标公告的方式，邀请不特定的承制单位投标，依据确定的标准和方法从中择优评选出中标承制单位的采购方式。对于采购金额达到限额标准，且通用性强、无保密要求的装备采购项目，应当采取公开招标[67]。

邀请招标是在一定范围内选择两个或两个以上特定的承制单位，向其发出投标邀请书，由被邀请者投标竞争，依据确定的标准和方法从中选定中标承制单位的采购方式。对于采购金额达到限额标准，且涉及国家和军队安全、有保密要求不适宜公开招标，或公开招标所需时间无法满足，或公开招标费用占装备采购项目总价值比例过大的装备采购项目，应当采取邀请招标[67]。

招标采购具有程序规范、要求明确、公开透明、密封报价等特点，是实现有序竞争、优胜劣汰的有效方式。通过综合比较各投标人的标的属性，选出报价竞争性强、质量可靠和信誉良好的中标人，实现社会资源的优化配置。

2.2.2　框架协议招标采购与传统招标采购的比较

框架协议招标采购作为一种创新型的招标采购方式，与传统招标采购均具有公开透明、公平竞争的属性，在招投标组织流程上也基本一致，仅仅是招标工作的输出有所不同。传统招标采购结束时一般输出明确的中标人、质量标准、采购总价、数量、交付方式、交货期等；而框架协议招标采购结束时输出的是中标人、质量标准、单价，以及约定用以确定总价、总数量、交付方式等原则的框架协议[20]。相比传统招标采购，框架协议招标采购有以下四个方面的特点[18]：

（1）协议有效期的约定性。传统招标采购属于一次性的采购活动，招标结果仅在本次合同履行期限内有效；而框架协议招标采购的结果具有在协议有效期内反复使用的特点，灵活性更高，采购方和供应商可在协议期内签订多个订单、分批次供货，有效期一般根据采购产品的供求关系和价格波动情况进行约定。

（2）中标人数的不唯一性。在传统招标采购活动中，招标方依据评标准则一般选择排名第一的供应商为中标人，但对于采购量大、需求紧急的货物，如果只选择一家中标供应商，容易出现产品质量不合格、延迟交货等风险，增加采购方成本。因此，在框架协议招标采购中，往往会视情确定两家或多家中标供应商。

（3）采购价格数量的可调整性。传统招标采购中采购数量是明确的，投标方依据具体数量采取相应的报价策略，报价一经写入投标文件不得更改，作为评标的一项重要指标；而框架协议招标采购是集中一定时期内的需求进行招标，受协议期内采购数量不确定、产品原材料价格波动等因素的影响，采购价格和数量可视情调整。

（4）采购对象的适用性。由于框架协议招标采购属于批量集中采购，且协议期较长，并不适合所有的招标项目，一般适用于需求量大、采购频次高、规格型号统一、供求市场相对稳定的货物或服务。

框架协议招标采购与传统招标采购的区别与联系详见表 2-1。

表 2 - 1　框架协议招标采购与传统招标采购的区别与联系

采购方式	招标条件	招标流程	招标结果有效期	中标人数量	招标结果的可调整性	适用范围
传统招标采购	明确质量、数量、单价、总价、交付方式等	发布招标公告—开标—评标—公示中标结果	仅本次招标有效	一般为一个	一经确立不可调整	达到招标条件的所有物资服务项目
框架协议招标采购	明确质量、单价，约定用以确定总价、总数量、交付方式等的原则	发布招标公告—开标—评标—公示中标结果	在协议期内有效	一个或多个	可根据框架协议约定的原则，视情调整采购价格、数量等	需求量大、采购频次高、规格型号统一、供求市场相对稳定的货物或服务

2.2.3　框架协议招标采购的优势

相比于传统招标，框架协议招标采购在提高采购效率、优化供应商结构、稳定供需关系、预防暗箱操作等方面具有显著优势[68]。

（1）批量集中采购，提高采购效率。"一个项目一招"的传统招标采购模式耗时较长，采购人员需花费大量时间和精力进行重复性劳动，采购效率低下。框架协议招标采购是集中批量需求，将多次重复招标的流程用一次框架协议招标来完成，减少了重复招标的过程，大大提高了采购效率，节约了招标成本，也有利于纪检监察部门的监督。

（2）投标竞争充分，优化供应商结构。一方面，相比于传统招标采购，框架协议招标采购可以形成较大的采购批量，采购规模和金额对供应商更具吸引力，有利于充分竞争，遴选出优质供应商。另一方面，框架协议招标采购以公开透明的流程遴选供应商，以动态监管的机制考评供应商，能促进供应商优胜劣汰，培育出更多优质供应商，优化供应商结构。

（3）供需关系稳定，保证供货质量。一方面，传统招标采购供需关系一般比较短暂和不稳定，中标商家可能会出现"一锤子买卖"心态，致使采购方利益受损；而框架协议招标采购协议期较长，能实现对供应商的动态管理，规避了供应商的机会主义行为，使供需关系更加稳定。另一方面，框架协议招标采购的供应商数量可不唯一，能促进供应商之间的持续竞争，有利于保证供货质量。同时，对于一些紧急情况下的采购需求，框架协议招标采购可提前锁定货源，提高供货效率，减少采购方的库存压力。

（4）采购主体唯一，预防暗箱操作。框架协议招标采购的主体唯一，不存在招标方和实际采购方的分离，不仅实现了真正意义上的集中采购，也能预防暗箱操作等不正当交易行为的发生，在一定程度上弥补了框架协议监管困难的弊端。

通过上述分析可知，框架协议招标采购既有利于提高规模经济效益，又有利于日常监管，值得在装备采购中推广应用。由于现行的招投标法律规定不能完全适用于框架协议招标，因此，有必要对框架协议招标采购的适用条件和操作程序开展深入研究。

2.3　框架协议招标采购在装备采购中的应用条件

2.3.1　装备框架协议招标采购适用条件的建模分析

第 2.2 节从定性角度论述了传统招标和框架协议招标的区别，本节通过构建两种招标采购模式下供应商的报价模型及军方成本函数，进一步分析框架协议招标模式的设计优势及在装备采购中的适用条件。

1. 问题描述

某部队计划采购某型装备，根据往年装备消耗规律和部队实际缺编情况，预计未来一段时期 T 内装备总需求量为 Q 件。采购方可选择传统招标和框架协议招标两种采购模式。

2. 模型假设及符号说明

假设 1：供应商为风险中性的理性经济人，不考虑其他供应商的报价影响，则供应商的报价用 p 表示，$p \in (0, \overline{p}]$。生产成本 c 越高，供应商的报价 p 就越高，p 是关于 c 严格意义上的增函数[69]。

假设 2：为便于分析，仅考虑正常交付的情况，即装备均达到质量要求，不考虑供货短缺的情况。若采取传统招标模式，令未来一段时期 T 内需招标 $n(n \geqslant 1)$ 次，其中第 i 次招标采购量为 q_i，$i = 1, 2, \cdots, n$，满足 $\sum_{i=1}^{n} q_i = Q$，军方单次招标成本为 C_m，供应商单次投标成本为 C_s；若采取框架协议招标模式，即一次集中招标分批次供货，供应次数即为传统招标模式下的招标次数 n。

假设 3：c_1 表示单位产品的直接生产成本，如原材料费、人工费等；c_0 表示不随数量变化的间接成本，如管理费、运输费等。一般将间接成本作为固定成本分摊在单位产品成本中，这里由于涉及分批次供应的情况，故单列出来。假设间接成本 c_0 随供应次数 n 的增加而递增，令 $c_0 = an$，其中系数 $a > 0$ 为单次供应成本，表示每次供应的运输费、装卸费等。

假设 4：由规模效应可知，当装备产量小于规模经济量的最大值 Q_{max}，即供应商的供应能力能够满足采购量需求时，装备单位生产成本 c_1 随采购数量 q 的增加而下降[70]，如图 2-2 所示。为便于分析，这里暂不考虑采购量超过供应商供应能力的情形。

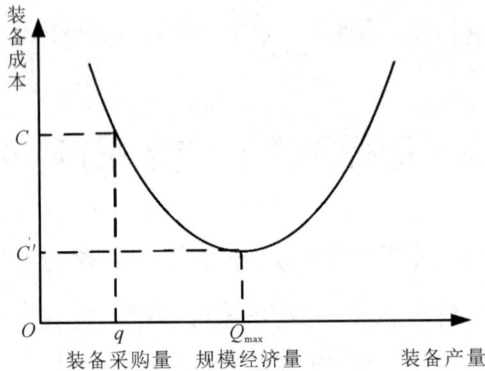

图 2-2　装备平均成本曲线示意图

3. 两种采购模式下供应商的报价模型

考虑一次招标的情形，用 π 表示供应商利润，已知供应商利润受价格、成本、采购量等因素影响，利润函数为

$$\pi = [p - c_1(q)]q - c_0 - C_s = [p - c_1(q)]q - an - C_s, \quad n = 1, 2, \cdots, N \quad (2-1)$$

此时，供应商的报价策略为

$$p = \frac{\pi + an + C_s}{q} + c_1(q) \quad (2-2)$$

$n=1$ 时表示采用传统招标，此时供应商的报价策略为

$$p_1 = \frac{\pi_1 + a + C_s}{q_1} + c_1(q_1) \quad (2-3)$$

$n>1$ 时表示采用框架协议招标，此时供应商的报价策略为

$$p_2 = \frac{\pi_2 + an + C_s}{q_2} + c_1(q_2) \quad (2-4)$$

为便于分析，假设供应商追求利润保持不变，即 $\pi = \pi_1 = \pi_2$。已知 $\partial c_1(q)/\partial q < 0$，当采购量 q 一定，即 $q_1 = q_2$ 时，由式(2-2)～式(2-4)可得，$p_2 > p_1$，$\partial p/\partial n > 0$，这表明在相同采购量条件下，框架协议招标供应商的报价比传统招标的报价要高，且报价随供应次数 n 的增加而提高。分析原因主要有两点：一是分批次供货时，每次的供应量减少，规模经济效应下降；二是每次供应都会产生管

理费用、运输费用等，使间接成本增加，装备报价提高。

由 $\partial p / \partial q < 0$ 可知，装备的报价 p 随采购数量 q 的增加而下降。相比传统招标，框架协议招标是集中一段时期的采购需求，采购量一般更大，即 $q_2 > q_1$，联立式(2-3)、式(2-4)，得到

$$\Delta p = p_1 - p_2 = \frac{(\pi + C_s)(q_2 - q_1) + a(q_2 - n q_1)}{q_1 q_2} + c_1(q_1) - c_1(q_2) \quad (2-5)$$

令 $\Delta p = 0$，得

$$n^* = \frac{(\pi + C_s)(q_2 - q_1) + q_1 q_2 [c_1(q_1) - c_1(q_2)] + a q_2}{a q_1} \quad (2-6)$$

根据假设 4，由 $q_2 > q_1$ 可得 $c_1(q_1) > c_1(q_2)$，当 $n \leqslant n^*$ 时，有 $p_1 \geqslant p_2$。由此可以得出结论 1：当供货次数少于 n^* 时，增加采购量，能够激发供应商降价的积极性。

4. 两种采购模式下军方的成本函数

若采用传统招标模式，一段时期 T 内需招标 n 次，装备总需求量为 Q 件，此时军方采购成本函数为

$$C_j^1 = \sum_{i=1}^{n} p_i q_i + n C_m \quad (2-7)$$

若采用框架协议招标模式，军方只需集中招标一次，此时军方的成本函数为

$$C_j^2 = p_2 Q + C_m \quad (2-8)$$

令 $\Delta C = C_j^1 - C_j^2$，得

$$\Delta C = \sum_{i=1}^{n} p_i q_i - p_2 Q + (n-1) C_m \quad (2-9)$$

已知 $\sum_{i=1}^{n} q_i = Q$，当 $n=1$ 时，$\Delta C = 0$，两种采购模式无差别，这里重点讨论 $n > 1$ 的情况。下面证明结论 2：当供货次数少于 n^* 时，框架协议招标模式下军方的采购成本小于传统招标模式下军方的采购成本。

证明：由于 $q_i < Q$，由规模效应和结论 1 可知，当供货次数少于 n^* 时，$p_i > p_2$，$i = 1, 2, \cdots, n$，又有 $\sum_{i=1}^{n} q_i = Q$，$n > 1$，$C_m > 0$，则

$$\Delta C = \sum_{i=1}^{n} p_i q_i - p_2 Q + (n-1) C_m = \sum_{i=1}^{n} (p_i - p_2) q_i + (n-1) C_m > 0$$

通过分析两种采购模式下供应商的报价模型和军方的成本函数可知，采购数量 q 和供应次数 n 都会影响供应商的报价策略，而供应次数 n 影响着装备的供应成本 c_0，当装备供应成本较低时，采用框架协议招标模式能够形成较大的

采购规模，使军方的采购成本更小，有利于节约部队经费开支；同时通过减少招标的次数，能够降低军方的招标成本和供应商的投标成本，有利于实现供需双方的互利共赢。综上分析可知，框架协议招标适用于一定时期内采购需求量大、供应成本低的装备。

2.3.2　框架协议招标采购的适用对象选择

装备市场不同于民品市场，一般具有装备专用性强、采购主体单一、承制单位数量有限等特点，并非所有装备都适合采用框架协议招标模式。根据框架协议招标的定义、建模分析以及装备采购的实际，符合下列条件的装备采购项目，可采用框架协议招标模式：① 该类装备供应商数量较多（一般多于 2 家），供需市场相对稳定的；② 规格型号、技术标准相对统一的；③ 预计一定时期内装备需求量达到一定规模的或持续大批量采购的；④ 供应费用较低的。

关于适用条件的几点说明：

（1）条件①是确保要有足够的竞争主体。条件①、②是进行框架协议招标的前提，也是一切招标采购活动的基本条件。对于供应商数量较少或技术复杂、标准难以统一的装备，一般采用竞争性谈判或单一来源采购。

（2）条件③中的"一定时期"是框架协议招标确定协议有效期的重要依据，可结合装备建设发展规划及体制编制情况，以三至五年为一个周期，论证装备需求情况。装备需求量可依据历年同型装备器材采购量、使用寿命、损坏率等统计数据进行预测。

（3）条件④主要针对一定时期内采购频次较高、需分批次供货的情形。每次供货的供应费用包括装备运输费、装卸费等。框架协议招标适用于供应费用较低的装备，当供应费用较高时，采用传统招标更有利于节约军方成本。

根据上述条件，装备部门可结合装备订购计划，对适宜采用框架协议招标的装备进行选择。框架协议招标采购适用装备的划分过程如图 2-3 所示。

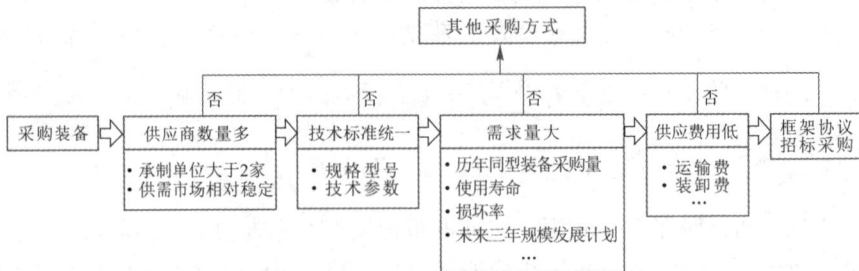

图 2-3　框架协议招标采购适用装备的划分过程

从了解到的装备采购实际来看，许多可市场选购或军选民用的通用装备、维修器材都符合上述条件，可列为框架协议招标的采购对象。

2.3.3　框架协议招标采购的流程设计

框架协议招标采购的流程与传统招标采购基本相同，但由于框架协议招标采购的输出结果不同，在一些具体环节上会有所区别。本节结合装备采购实际，将框架协议招标采购的流程分为前期准备、招标过程、协议履行与控制三个阶段。

1. 前期准备

前期准备包括确定采购装备的种类及数量、制订框架协议招标方案、编制框架协议招标文件三个方面。

（1）确定采购装备的种类及数量。装备采购部门依据装备发展战略、建设规划和体制编制要求，结合下属各单位实际需求情况，编报年度采购计划，明确需采购的装备种类及数量。而后，采购方发布采购需求信息，掌握采购项目相关技术或产品的发展现状以及潜在供应商情况，并结合技术对接情况，组织技术要求论证和评审，形成技术文件。最后，根据框架协议招标采购适用对象要求，确定可采用框架协议招标的装备目录。

（2）制订框架协议招标方案。由于采用框架协议招标的装备采购规模往往较大，协议期限较长，采购方需提前做好市场调研，论证合理的中标人数量、协议期限、定价及份额分配方案，以降低供应风险。在市场调研和系统论证的基础上，采购决策部门会同相关业务部门研究确定候选供应商数量、采购价格方案、协议期限、竞争择优标准和评价方法、专家抽取条件、竞争保护必要性分析及其初步安排、代理机构委托建议、采购工作进度及所需业务经费、风险防范措施和效益评估等方案要求，而后形成招标方案。招标方案形成后报纪检监察部门审查，交由分管领导审批后组织实施。

（3）编制框架协议招标文件。框架协议招标文件中应明确体现投标人资质条件、规格技术参数要求、装备预计采购数量、招标评标原则等内容。招标评标原则包括中标人数量、最高投标限价、评标方法、废标原则等。当中标人数量为多个时，招标文件中要明确规定各中标人的份额分配原则。

2. 招标过程

招标过程与传统招标过程基本相同，可分为发布招标公告、组织招标、签订采购协议三个部分[18]。

（1）发布招标公告。根据装备类型及保密要求发布招标公告，由于框架协议招标的采购对象大多为军民通用类装备，市场上的生产厂商数量较多，可建立竞争申诉机制，降低"围标""串标"风险，确保有效竞争。此外，为提高招标效率，可进行资格预审。招标人对响应供应商的资质条件、财务状况、生产能力、历史业绩、售后服务等内容进行审核，确定入围供应商名单。

（2）组织招标。从专家库中抽取专家成立评标委员会，在规定的时间和地点组织开标、唱标、评标、决标。依据评标方法，确定供应商排名，推荐中标候选人。

（3）签订框架协议。采购方代表与中标候选人进行协商谈判，确定最终的中标供应商并与之签订框架协议。协议内容包括装备种类、规格型号、技术标准、质量标准、预估数量、定价方式、安全要求、储存方式、运输方式、交货期、交货方式及地点、结算方式、协议期限、违约责任、纠纷处理等，作为协议期内履行合同的依据。当中标人数量为多个时，框架协议中还需明确各供应商采购份额分配方案、协议期内份额调整原则及办法。

3. 协议履行与控制

协议履行与控制主要包括价格管理、质量监控和供应商的动态考评等内容。

（1）价格管理、质量监控。协议期内原则上不调整装备采购价格，但由于特殊因素引起市场价格波动较大、给供应商造成较大经济损失的，可根据协议中规定的计价公式或市场行情，适当调整采购价格或予以补偿，经装备主管部门审批执行。在协议供货期间，监管部门可根据框架协议中的质量条款，对装备进行跟踪检验，一旦发现质量问题，可根据违约条款及时处理。

（2）供应商的动态考评。在框架协议招标采购中，供应商与采购方的合作是一个动态的长期过程，受主客观因素的影响。在协议期间供应商的产品质量、准时供货率和售后服务水平可能会发生变化，需要采购方对供应商进行动态考评。对表现优秀的供应商应给予奖励，如增加采购份额，在后续招标活动中省去资格预审环节，评分加分等；对于表现差的供应商，则要降低采购份额或直接淘汰。

框架协议招标采购的具体流程设计如图 2-4 所示。

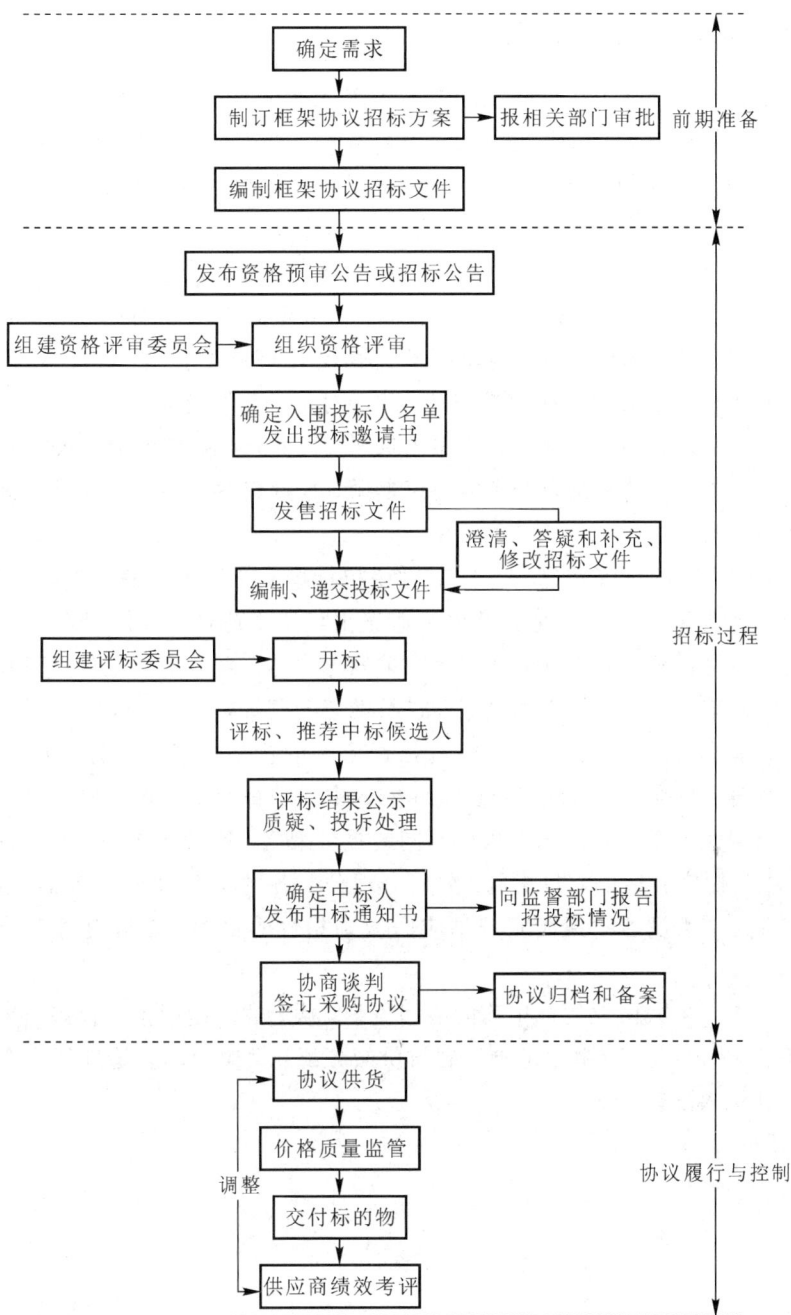

图 2-4　框架协议招标采购流程设计图

2.3.4　需解决的关键问题

目前，框架协议招标采购在地方政府和大型集团公司物资采购中应用广泛，取得了积极效果。部队装备由于其特殊性，框架协议招标模式涉及较少，且缺少明确的法规制度规定。结合框架协议招标的操作流程(图 2-4)可以发现，框架协议招标能否在装备采购中取得实效取决于以下三个方面：

（1）采购装备种类及数量的确定。不同于一般物资采购，装备采购受装备编制数量、使用寿命、损坏率等因素影响，需求量既有一定的规律性，又有一定的特殊性。虽然框架协议招标对采购总量没有明确要求，但对投标人而言，只有明确了框架协议的总体数量需求，才能对是否参加投标、参加投标时的报价策略、中标以后的生产统筹方案做出选择。因此，在制订框架协议招标方案时，必须确定装备的种类及合理的协议期限，根据以往装备采购规律，科学预测采购量。

（2）供应商的选择与管理。框架协议招标模式中，供应商的选拔、考评、管理显得尤为重要[71]。如何通过招标遴选出优质供应商，如何根据采购项目需求选择合适的供应商数量，如何建立绩效考评体系对供应商进行动态量化考核，如何根据绩效考评结果对供应商进行动态管理等，将是管理的重点。

（3）采购定价与份额分配。传统招标采购的价格一般以中标人的报价为准，价格确定且唯一。而框架协议招标采购由于中标人数量的不唯一性，各供应商从自身利益最大化的角度采取不同的报价策略，价格往往不一致。在此情况下，如何制定合适的定价机制，如何合理分配各供应商的采购份额，达到既能适应军方采购要求、又能实现供应商激励相容的目的，是值得研究的重要问题。

本书按照框架协议招标采购的应用流程，从上述关键因素中提炼出采购需求决策、中标供应商选择、定价机制与份额分配、供应商动态管理等四个关键问题展开深入研究。

第 3 章　框架协议招标的装备采购需求决策

采购需求是采购活动的源头，装备采购的目的就是通过采购活动满足部队用户的需求。当前，在装备采购实践中，部队用户模糊报需求、业务部门粗略做计划的现象仍然存在，采购源头定位不准导致采购的装备与现实需求之间存在一定偏差，不能很好地满足部队任务需要。采购决策的科学性决定了军事采购效益，装备采购决策必须以采购需求为牵引[72]。本章围绕装备采购需求决策问题展开研究。首先，梳理装备需求与装备采购需求之间的关系，确定采购需求在装备采购活动中的地位和作用；然后，分析影响装备采购需求决策的因素；最后，分别从装备采购决策规则和采购量预测两个方面进行具体研究，以解决框架协议招标采购"买什么装备"和"买多少装备"的问题。

3.1　装备采购需求的内涵与作用

3.1.1　装备需求与装备采购需求的关系

装备采购需求隶属于装备需求，是装备需求在采购环节的具体体现，直接影响着采购效益的高低。

需求反映了人们对事物的期望。广义的装备需求是为达到维护国家安全稳定的目的，装备作战能力、系统特性和相关技术需要满足的条件的集合。狭义的装备需求则是针对现实或潜在威胁，为完成特定的作战任务，对装备的作战能力、结构、规模及配置等方面的要求[73]。

装备需求是军方确定武器装备发展目标、制订武器装备发展规划的重要依据。

装备需求一般具有以下三个特点[74]：

（1）层次性。装备需求包括装备任务需求、能力需求、技术需求等多个层次，任务需求确定能力需求，能力需求牵引技术需求。根据技术的可行性和成熟度，技术需求划分为装备科研需求和采购需求。下层需求的实现是上层需求实现的基础，不同层次的需求之间相互影响。

（2）整体性。未来战争的多元化和复杂性使装备建设发展面临更加复杂的形势，需要从整体的角度全面考虑各类装备需求，处理好各种复杂关系，统筹谋划，实现装备需求的整体最优化。

（3）动态性。国家的战略布局和装备发展规划会随着国内外局势的变化进行适时的调整。因此，不同时期和不同层级下的装备需求也会根据装备发展方向的变化进行适应性调整，使装备需求具有一定的动态调整性。

装备采购需求是装备需求落实到装备采购这一阶段的具体反映，是军方依据装备发展规划和经费约束条件，对一定时期内需要采购装备的具体要求。相比于装备需求，装备采购需求具有两个特点：

（1）装备采购需求的目标更加明确，具有很强的指令性和计划性，即买什么装备、买多少装备都是根据特定任务需要或者经费约束条件确定的，并以此作为下达采购计划的前提依据。

（2）装备采购需求的内容更加具体，对需要采购的装备类型、数量、战技指标、价格、质量、交付条件及售后保障等提出了明确的要求，这些要求是贯穿整个采购活动的基本遵循。

3.1.2　装备采购需求的地位和作用

在装备采购活动中，采购流程通常按照"确定需求—下达计划—组织实施—签订合同—质量验收—经费结算—履约评价"的顺序进行。确定采购需求是采购活动的第一步，但其作用不限于采购的起始环节，而是直接决定着整个采购活动的成败。

第一，采购需求是下达采购计划的基础。只有明确了采购的装备类型、技术规格、性能、数量、商务标准，才能确定具体的采购预算、采购方式、采购时间及地点，进而制订详细的采购计划。

第二，在组织实施环节，采购需求以项目需求的形式反映在采购文件中，并作为评标阶段专家评审的主要依据，供应商也会根据项目需求提供适当的技术和商务标的。

第三，在合同签订、经费结算环节，采购需求成为确定双方当事人权利义务的重要合同条款，采购方根据供应商对采购需求的实际履行情况支付资金。

第四，在履约评价环节，既要对采购需求的合理性、科学性进行评估，对已执行项目满足采购需求的效果进行评价，还要根据评估、评价结果对采购需求进行修正和完善[75]，以便在后续采购活动中形成更加科学合理的采购需求。

综上所述，采购需求始终贯穿整个采购活动之中，对采购的各个环节起着规范和约束作用，采购需求越精准，最终的采购效益就越高。因此，如何科学确定装备采购需求显得尤为重要。

3.2　装备采购需求决策的影响因素

装备采购需求决策是依据装备采购需求制订采购计划的过程，是指在有限的经费约束条件下，为实现装备的有序更新和经费的有效利用，对一定时期内需要采购哪些装备、采购多少装备等问题进行科学的分析判断，以确定合理的采购计划。

不同于一般的物资采购，装备采购通常受到装备编制和体制的限制。装备体制规范了采购装备的种类型号，装备编制限定了编配装备的数量。对于未达到编制数量的装备，以及在一定时期内达到退役报废条件的装备，应及时进行装备补充，确保不影响部队工作的正常运转。同时，随着国内外形势的复杂变化和军队改革的不断深化，当部队任务发生变化时，也需要根据装备编制、体制的调整，进行装备补充和更新。此外，在战争、重大任务或突发事件等特殊情况下，出于紧急保障需要，也存在装备的应急采购或专项采购。因此，在制订装备采购计划时，决策者必须根据装备编制缺口和任务需要，对各种采购需求进行统筹谋划，在有限的经费和特定的时间约束条件下，分析影响需求决策的各种因素，区分需求的轻重缓急，选择合适的采购对象及数量。

影响装备采购需求决策的因素复杂多样。文献[76]提及的"精明采办"理念，根据装备能力需求的紧急程度排序，制订年度装备采购计划。文献[77]从国家安全需求、军事战略方针、经济实力等宏观角度对我国装备采购需求的制约因素进行了分析。文献[78]围绕装备维修备件采购需求问题，将影响因素分为器材故障率、工作应力、易损程度、使用环境、使用强度、管理水平等。本书从采购操作实务角度考虑，将影响装备采购需求决策的因素归纳为任务需求程度、装备质量、使用寿命、故障率、使用频率、使用环境等 6 个方面。

（1）任务需求程度。任务需求是实施装备采购活动的前提，任何采购活动都是以满足军事任务需求为牵引的。任务需求程度是为了完成特定军事任务而对某种装备的急需程度，主要体现在任务的紧急性和任务的重要性两个方面。如果是临时紧急任务需要，如重大活动安保、抢险救援、处突反恐等任务，就需要根据任务的特殊性和时效性要求，优先考虑满足紧急任务的装备需求。如果是常规任务需要，如警卫、守卫等日常勤务，就要根据执行任务的性质，优先满足重要任务的装备需求。

（2）装备质量。装备质量是装备固有特性满足使用要求的程度，包括装备的功能特性和可靠性、维修性、保障性、测试性、安全性等[2]。装备质量直接关乎部队战斗力生成，影响着部队用户遂行任务的质量和效率。当装备本身质量较差容易出现故障，或者现役装备由于技术型号落后已经无法满足新形势下的装备性能要求、不能发挥实际作用时，应考虑及时更换。

（3）使用寿命。产品寿命是产品由开始使用至出现极限状态的总工作时间[79]。任何装备都有其规定的使用寿命，超期服役可能会出现装备性能下降、功能失效等问题，甚至带来安全风险。以武警部队为例，目前后勤装备、警用器材超期服役现象比较普遍，影响了部队遂行任务的效率。因此，当装备即将达到其规定寿命，没有修复和使用价值时，为不影响部队用户的正常使用，应提前筹划，做好装备补替。

（4）故障率。装备故障率是装备出现功能障碍、不能正常工作的比率，包括自然故障率和人为故障率。自然故障率与装备固有的可靠性有关，反映了装备本身的设计和制造水平[78]。人为故障率是由于人为操作造成的装备故障，与装备管理水平和人员素质有关。装备故障会制约装备效能的及时有效发挥，当某型装备故障率较高时，应考虑及时维修或者更换。

（5）使用频率。装备使用频率即装备使用的频繁程度。一方面，装备使用越频繁，其消耗磨损往往越严重。随着近年来部队大抓练兵战备打仗，军械装备在集训比武中动用得比较频繁，枪管膛线存在不同程度的磨损，影响了武器装备性能；反恐防暴装备在日常执勤训练中动用频繁，损耗比较严重。另一方面，装备如果长期使用频率偏低，也容易出现零部件的生锈老化等问题。因此，过高或过低的使用频率，都容易引起装备性能的下降，导致装备故障大幅增加。

（6）使用环境。在恶劣环境下，受气温、气压、湿度等因素影响，装备的性能往往会大打折扣。一些塑料、橡胶部件在低温条件下容易变硬、变脆，一些光学仪器在恶劣气候下会出现精度下降甚至失灵，导致装备的损坏率较高。如果装备长期处于恶劣环境中，其使用寿命也会大大缩短。

3.3　装备采购需求决策规则获取方法

影响装备采购需求决策的因素是多方面的，如何从众多复杂因素中筛选出影响需求的关键因素，找到关键影响因素与需求之间的作用关系，是科学制订装备采购计划的重要基础。本节提出一种决策实验室分析法与粗糙集相融合的决策规则获取方法[80]，该方法综合利用决策实验室分析法分析复杂系统多因素间内在影响关系的能力和粗糙集的数据挖掘能力，使获取的装备采购决策规则既精练又符合装备采购现实需求，为决策者在有限经费约束下确定采购哪些装备并确定采购优先级提供参考依据。

3.3.1　决策方法的理论基础

1. 决策实验室分析法

决策实验室分析法（Decision Making and Trial Evaluation Laboratory，DEMATEL）是一种运用图论和矩阵工具对复杂系统进行分析决策的方法[81]。其原理是利用专家经验对因素间的影响程度进行打分，建立直接影响矩阵，经标准化处理和矩阵变换得到综合影响矩阵，计算出各因素的影响度、被影响度、中心度和原因度，从而明确各影响因素在系统中的作用[82]。原因度反映因素的作用方向，中心度反映因素的重要性。计算公式如下[83]：

$$Y = (a_{ij})_{n \times n} = \begin{bmatrix} a_{11} & \cdots & a_{1n} \\ \vdots & \ddots & \vdots \\ a_{n1} & \cdots & a_{nn} \end{bmatrix} \tag{3-1}$$

$$X = (x_{ij})_{n \times n} = \frac{Y}{\max \sum_{j=1}^{n} a_{ij}} \tag{3-2}$$

$$T = (t_{ij})_{n \times n} = \lim(X + X^2 + \cdots + X^k) = X(I - X)^{-1} \tag{3-3}$$

$$r_i = \sum_{j=1}^{n} t_{ij}, \ i = 1, 2, \cdots, n \tag{3-4}$$

$$c_i = \sum_{j=1}^{n} t_{ji}, \ i = 1, 2, \cdots, n \tag{3-5}$$

$$m_i = r_i + c_i, \ i = 1, 2, \cdots, n \tag{3-6}$$

$$n_i = r_i - c_i, \ i = 1, 2, \cdots, n \tag{3-7}$$

其中，a_{ij} 表示因素 i 对因素 j 的影响程度，i，$j=1$，2，$\cdots$，n，当 $i=j$ 时，$a_{ij}=0$。Y 为直接影响矩阵，X 为标准化影响矩阵，T 为综合影响矩阵，I 为单位矩阵。r_i、c_i、m_i、n_i 分别表示各因素的影响度、被影响度、中心度和原因度。m_i 反映第 i 个影响因素在诸多影响因素中的重要程度。$n_i>0$，表示因素 i 为原因因素；$n_i<0$，表示因素 i 为结果因素。

2. 粗糙集基本理论

粗糙集（Rough Set，RS）是由 Z. Pawlak 教授于 1982 年提出的一种处理模糊和不确定知识的数学工具[84]。它建立在分类机制的基础上，将分类理解为在特定空间上的等价关系对该空间的一种划分。其主要思想是在保持原始分类能力不变的前提下，通过知识约简导出知识的分类规则[85]。

粗糙集理论的优势在于不需要除数据本身的其他任何先验知识，完全可以由已知数据导出决策规则，它提供了一种用数理逻辑方法来表达、约简、分析、推理不精确知识的新思路[86]。其基本概念如下[83−88]：

定义 3.1 令 $S=\langle U, A, V, f\rangle$ 是一个信息系统，其中 U 为论域，A 为属性集合，V 是属性的值域集。对任意 $a\in A$，$x\in U$ 有 $f(x, a)\in V_a$。如果 $A=C\cup D$ 且 $C\cap D=\varnothing$，C 和 D 分别为条件属性集和决策属性集，则称该信息系统为决策信息系统，也称为决策表。

定义 3.2 在信息系统 $S=\langle U, A, V, f\rangle$ 中，对于任意的条件属性 $R\subseteq C$，定义一个 U 上的不可分辨关系：$\mathrm{ind}(R)=\{(x, y)\in U\times U\mid \forall_{a\in R}(f_a(x)=f_b(y))\}$。其中，$\mathrm{ind}(R)$ 是 U 上的等价关系。令 C' 为条件属性集 C 的一个非空子集，满足 $\mathrm{ind}(C', D)=\mathrm{ind}(C, D)$，且不存在 $C''\subset C'$，使 $\mathrm{ind}(C'', D)=\mathrm{ind}(C', D)$，则称 C' 为 C 的一个约简。C 的所有约简的集合记作 $\mathrm{red}(C)$；C 的所有约简的交集称为核，记作 $\mathrm{core}(C)$，$\mathrm{core}(C)=\bigcap \mathrm{red}(C)$。

定义 3.3 令信息系统 $S=\langle U, A, V, f\rangle$ 的区分矩阵是一个 $n\times n$ 矩阵，其任一元素为 $\alpha(x, y)=\{a\in A\mid f(x, a)\neq f(y, a)\}$，则 $\alpha(x, y)$ 是区别对象 x 和 y 的所有属性的集合。引入一个布尔函数，称其为区分函数，用 Δ 表示。对每个属性 $a\in A$，指定一个布尔变量 a。若 $\alpha(x, y)=\{a_1, a_2, \cdots, a_k\}\neq \Phi$，则指定一个布尔函数 $a_1\vee a_2\vee\cdots\vee a_k$，用 $\sum a(x, y)$ 来表示；若 $\alpha(x, y)=\Phi$，则指定布尔常量为 1。区分函数 Δ 可表示为

$$\Delta = \prod_{(x, y)\in U\times U}\sum a(x, y) \tag{3-8}$$

区分函数 Δ 的极小析取范式中所有合取式是属性集 A 的所有约简。

定义 3.4　对于决策信息系统 $S=\langle U, A, V, f\rangle$，对任意 $x\in U$，对象 x 对应的决策规则 $r_x:\mathrm{des}([x]_C)\to\mathrm{des}([x]_D)$。其中，$\mathrm{des}([x]_C)$ 称为规则的条件部分，满足 $\mathrm{des}([x]_C)=\bigvee_{c\in C}(c, v_c)$；$\mathrm{des}([x]_D)$ 称为规则的决策部分，满足 $\mathrm{des}([x]_D)=\bigvee_{d\in D}(c, v_d)$。设 $B\in\mathrm{red}_D(C)$，则对任意 $x\in U$，对象 x 对应的决策规则 $r_x:\mathrm{des}([x]_B)\to\mathrm{des}([x]_D)$ 是一条简化的决策规则。

3.3.2　基于 DEMATEL - RS 的决策规则获取思路及步骤

粗糙集的特点在于不需要先验知识，仅利用数据本身的信息揭示潜在的规律，客观性强。但当样本数据容量较小时，可能出现重要属性被约简，使提取的规则与客观事实相悖，导致决策规则可信度降低的情况。为此，可利用 DEMATEL 在分析复杂系统多因素间内在影响关系方面的优势，将 DEMATEL 与 RS 进行融合，以提高决策规则的可信度。

具体思路为：首先，采用 DEMATEL 方法分析因素间的内在影响关系，按照"中心度越大，因素越重要"的思想，判定各因素的重要程度。然后，进行因素相关性分析。相关性分析是剔除冗余信息的一种常用方法，通过计算两个指标之间的相关系数，删除其中相关系数较大的不重要指标，简化指标体系。最后，利用粗糙集方法对简化后的指标体系进行属性约简，剔除冗余属性，得到精练的决策规则，为装备采购决策提供参考[80]。具体步骤如下：

（1）获取初始影响因素集，收集样本指标数据。

（2）对影响因素进行 DEMATEL 分析。计算各因素的中心度和原因度，判断各因素的重要程度。中心度越大，表明该因素对采购需求决策的影响作用越强。

（3）建立决策表。对样本指标数据进行量化处理，对条件属性进行相关性分析。设 r_{ij} 是 i, j 项指标的相关系数，$i, j=1, 2, \cdots, n$，x_{ki} 是第 k 个评价对象的第 i 项指标，且 $\overline{x_i}, \overline{x_j}$ 分别表示第 i 项指标和第 j 项指标的数据平均值，则第 i 项与第 j 项指标的相关系数计算公式[89]表示为

$$r_{ij}=\frac{\sum_{k=1}^{m}(x_{ki}-\overline{x_i})(x_{kj}-\overline{x_j})}{\sqrt{\sum_{k=1}^{m}(x_{ki}-\overline{x_i})^2\sum_{k=1}^{m}(x_{kj}-\overline{x_j})^2}} \qquad (3-9)$$

当相关系数绝对值大于临界值 M 时，说明两个指标的线性关系显著，反映信息重复，可删除其中中心度较小的条件属性，从而消除重复信息干扰，同时避免了重要属性被误删的不足。

（4）利用粗糙集区分矩阵法进行属性约简。选取约简组合中除核以外属性中心度较大的一组属性约简，提取决策规则。

基于 DEMATEL - RS 的决策规则获取思路如图 3-1 所示。

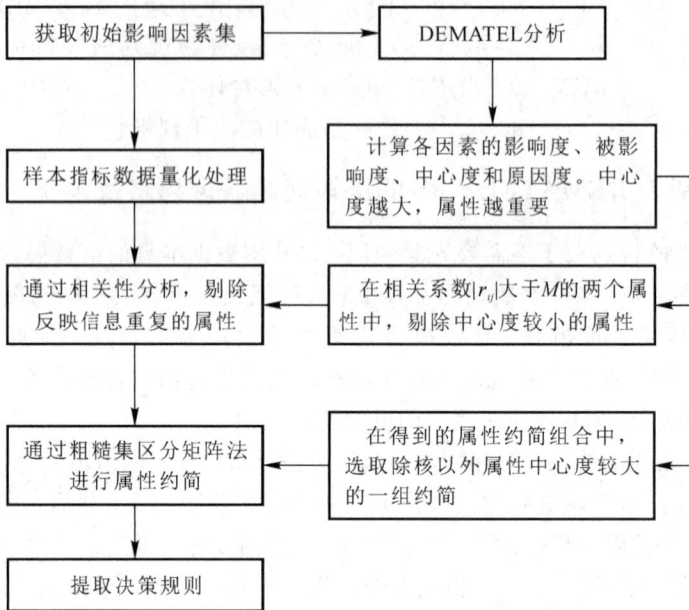

图 3-1　基于 DEMATEL - RS 的决策规则获取思路

3.3.3　基于 DEMATEL 的装备采购需求影响因素分析

为分析各因素之间的作用关系及对装备采购需求的影响程度，采用 DEMATEL 对各因素进行判断。邀请装备采购领域专家对因素之间的影响关系进行打分（见表 3-1），再对专家分数算术平均四舍五入后取整数，得到直接影响矩阵，见表 3-2。

表 3-1　分 值 标 准

因素 i 对因素 j 的影响关系	分值
无影响	0
弱影响	1
中度影响	2
强影响	3

表 3 - 2　直接影响矩阵

因素	任务需求	使用寿命	故障率	使用频率	装备质量	使用环境
任务需求	0	0	0	3	0	0
使用寿命	0	0	1	0	2	0
故障率	0	3	0	1	3	0
使用频率	2	1	2	0	0	0
装备质量	0	3	3	1	0	0
使用环境	2	2	3	0	0	0

根据式(3-2)~式(3-7)得到影响装备采购需求各因素之间的关系参数，运用 MATLAB 软件进行计算，具体结果见表 3-3。

表 3 - 3　各因素之间的影响关系参数

因素	影响度	被影响度	中心度	原因度
任务需求	2.5473	2.2951	4.8424	0.2522
使用寿命	3.1490	6.4384	9.5874	-3.2894
故障率	5.0144	5.6042	10.6186	-0.5898
使用频率	3.6103	3.5329	7.1432	0.0774
装备质量	5.0144	5.2413	10.2557	-0.2269
使用环境	3.7765	1.0000	4.7765	2.7765

根据表 3-3 中各中心度的大小顺序，可知在装备采购需求中比较重要的影响因素有故障率、装备质量、使用寿命和使用频率等；根据原因度的正负情况可知，任务需求、使用频率、使用环境是影响采购需求的原因因素，会对其他因素产生影响，并间接通过其他因素对采购需求发挥作用；使用寿命、故障率、装备质量是主要的结果因素，可直接对采购需求产生影响。这一结论可为后续指标的筛选提供依据。

3.3.4　基于 DEMATEL - RS 的决策规则获取方法

1. 属性值标准化处理

考虑到装备采购需求影响因素中既有定性指标，也有定量指标，且不同装备的使用寿命、故障率、使用频率之间的差异较大，需首先对各属性值进行离散化处理，以便进行属性约简。属性赋值标准详见表3－4。

表 3－4　属性赋值标准

任务需求 （a）	装备质量 （b）	使用寿命 （c）	故障率 （e）	使用频率 （f）	使用环境 （g）	采购需求 （d）	属性赋值
低	好	达到退役数量占比 <30%	<30%	低	正常	暂缓采购	1
正常	一般	达到退役数量占比 30%~60%	30%~ 60%	正常	较差	采购	2
高	差、不 满足需求	达到退役数量占比 >60%	>60%	高	差	优先采购	3

2. 建立决策表

以20××年8例装备采购相关数据为例进行研究。根据收集到的装备样本数据建立决策表，其中，{任务需求，装备质量，使用寿命，故障率，使用频率，使用环境}为条件属性，{采购需求}为决策属性。采购需求由专家根据样本数据进行判断，打分依据表3－4的赋值标准，各专家分数算术平均四舍五入后取整数，得到离散化处理后的装备采购需求决策表（见表3－5）。

表 3－5　装备采购需求决策表

对象	任务需求 （a）	装备质量 （b）	使用寿命 （c）	故障率 （e）	使用频率 （f）	使用环境 （g）	采购需求 （d）
x_1	2	1	1	1	2	1	1
x_2	3	2	2	2	3	1	3
x_3	2	3	2	3	2	2	3
x_4	2	2	3	2	2	2	3
x_5	2	2	2	2	3	1	2
x_6	3	3	2	2	2	3	3
x_7	2	2	2	2	3	1	2
x_8	2	2	2	2	3	2	2

3. 条件属性的相关性分析

根据式(3-9)计算两两属性之间的相关系数，已知样本$n=8$，当显著性水平$\alpha=0.05$时，显著性临界值$M(0.05,6)=0.707$，因此，当相关系数$|r_{ij}|\geq0.707$

时,判定两项指标为高度相关。在本例中,装备质量与故障率($r_{be}=0.7746$)高度相关,按照中心度越大、属性越重要的原则,删除装备质量(b)指标,以排除重复信息干扰,得到简化后的决策表(见表 3 - 6)。

表 3 - 6　去除重复属性后的决策表

对象	任务需求 (a)	使用寿命 (c)	故障率 (e)	使用频率 (f)	使用环境 (g)	采购需求 (d)
x_1	2	1	1	2	1	1
x_2	3	2	2	3	1	3
x_3	2	2	3	2	2	3
x_4	2	3	2	3	2	3
x_5	2	2	2	3	1	2
x_6	3	2	2	2	3	3
x_7	2	2	2	3	1	2
x_8	2	2	2	3	2	2

4. 属性约简

根据表 3 - 6 数据生成区分矩阵表(见表 3 - 7),利用区分矩阵法生成约简属性集。

表 3 - 7　区分矩阵表

对象	x_1	x_2	x_3	x_4	x_5	x_6	x_7	x_8
x_1								
x_2	$acef$							
x_3	ceg	$\varnothing$						
x_4	$cefg$	$\varnothing$	$\varnothing$					
x_5	cef	a	efg	cg				
x_6	$aceg$	$\varnothing$	$\varnothing$	$\varnothing$	$acfg$			
x_7	cef	a	efg	cg	$\varnothing$	afg		
x_8	$cefg$	ag	ef	c	$\varnothing$	afg	$\varnothing$	

由表 3-7 确定其区分函数为

$$\Delta = (a \lor c \lor e \lor f) \land (c \lor e \lor g) \land (c \lor e \lor f \lor g) \land (c \lor e \lor f) \land (a \lor c \lor e \lor g) \land$$
$$(c \lor e \lor f) \land (c \lor e \lor f \lor g) \land a \land a \land (a \lor g) \land (e \lor f \lor g) \land (e \lor f \lor g) \land$$
$$(e \lor f) \land (c \lor g) \land (c \lor g) \land c \land (a \lor c \lor f \lor g) \land (a \lor f \lor g) \land (a \lor f \lor g)$$

根据吸收律，得到 $\Delta = a \land c \land (e \lor f)$，核为 $\{a, c\}$，找到决策表的两个约简为 $\{a, c, e\}$ 和 $\{a, c, f\}$，即{任务需求，使用寿命，故障率}和{任务需求，使用寿命，使用频率}。

5. 规则提取

由于故障率的中心度大于使用频率的中心度，按照中心度越大则属性越重要的原则，选取约简 $\{a, c, e\}$ 得到决策表 3-8，对表 3-8 进行值约简[90]，得到核值表 3-9。

表 3-8　属性约简决策表

对象	任务需求（a）	使用寿命（c）	故障率（e）	采购需求（d）
x_1	2	1	1	1
x_2	3	2	2	3
x_3	2	2	3	3
x_4	2	3	2	3
x_5	2	2	2	2
x_6	3	2	2	3
x_7	2	2	2	2
x_8	2	2	2	2

表 3-9　核　值　表

任务需求（a）	使用寿命（c）	故障率（e）	采购需求（d）
2	1	1	1
3	*	*	3
*	*	3	3
*	3	*	3
2	2	2	2

注：*代表冗余的属性。

由核值表得出决策规则如下：

规则 1（任务需求正常）∧（达到退役数量占比＜30％）∧（故障率＜30％）→（暂缓采购）；

规则 2（任务需求高）→（优先采购）；

规则 3（故障率＞60％）→（优先采购）；

规则 4（达到退役数量占比＞60％）→（优先采购）；

规则 5（达到退役数量占比 30％～60％）∧（故障率 30％～60％）∧（任务需求正常）→（采购）。

根据提取的决策规则可为装备采购决策提供以下两点参考：一是当装备达到退役数量占比 30％～60％，且故障率达到 30％～60％，影响部队遂行任务时，应考虑纳入当年采购计划；二是当部队任务急需，或装备达到退役数量占比超过 60％，或者故障率超过 60％时，满足以上任意一项都应纳入当年采购计划并优先采购，以提高装备的采购效益。

3.3.5　对比分析

为进一步验证 DEMATEL‐RS 方法的有效性，本节直接采用 RS 方法提取决策规则，并与 DEMATEL‐RS 方法进行对比。

1. 基于 RS 的决策规则获取

根据原始决策表（表 3‐5）生成区分矩阵表，如表 3‐10 所示。

表 3‐10　原始决策区分矩阵表

对象	x_1	x_2	x_3	x_4	x_5	x_6	x_7	x_8
x_1								
x_2	$abcef$							
x_3	$bceg$	$\varnothing$						
x_4	$bcefg$	$\varnothing$	$\varnothing$					
x_5	$acef$	a	efg	cg				
x_6	$abceg$	$\varnothing$	$\varnothing$	$\varnothing$	afg			
x_7	$bcef$	a	$befg$	cg	$\varnothing$	afg		
x_8	$bcefg$	ag	bef	c	$\varnothing$	afg	$\varnothing$	

根据吸收律，区分函数可化简为 $\Delta = a \wedge c \wedge (b \vee e \vee f)$，可知 $\{a, c\}$ 为核属性，$\{a, b, c\}$、$\{a, c, e\}$ 和 $\{a, c, f\}$ 都可以作为约简后的条件属性集。当选取约简 $\{a, c, e\}$ 时，得到决策规则同上。选取约简 $\{a, b, c\}$ 或 $\{a, c, f\}$，得到核值表分别见表 3-11 和表 3-12。

表 3-11　约简 $\{a, b, c\}$ 的核值表

任务需求 (a)	质量 (b)	使用寿命 (c)	采购需求 (d)
2	1	1	1
3	*	*	3
*	*	3	3
*	3	*	3
2	2	2	2

表 3-12　约简 $\{a, c, f\}$ 的核值表

任务需求 (a)	使用寿命 (c)	使用频率 (f)	采购需求 (d)
2	1	2	1
3	*	*	3
*	3	*	3
*	2	2	3
2	2	3	2

由表 3-11 可知，当选取约简 $\{a, b, c\}$ 时，得到规则为

规则 1（装备质量好）∧（达到退役数量占比<30%）∧（任务需求正常）→（暂缓采购）；

规则 2（装备质量已不符合部队需求）→（优先采购）；

规则 3（达到退役数量占比>60%）→（优先采购）；

规则 4（任务需求高）→（优先采购）；

规则 5（装备质量一般）∧（达到退役数量占比 30%～60%）∧（任务需求正常）→（采购）。

由表 3-12 可知,当选取约简$\{a,c,f\}$时,得到规则为

规则 1(达到退役数量占比<30%)∧(使用频率正常)∧(任务需求正常)→(暂缓采购);

规则 2(任务需求高)→(优先采购);

规则 3(达到退役数量占比>60%)→(优先采购);

规则 4(达到退役数量占比 30%~60%)∧(使用频率正常)→(优先采购);

规则 5(达到退役数量占比 30%~60%)∧(使用频率高)∧(任务需求正常)→(采购)。

2. 两种方法的对比

第一,在计算复杂度方面。利用 RS 直接约简,生成的区分矩阵比较复杂,得到的约简结果有 3 种,加大了提取决策规则的复杂度。而 DEMATEL-RS 方法依据"中心度越大,属性越重要"的思想,对相关性分析和属性约简中的冗余属性进行删除,使区分函数的计算简化,并且得到了唯一的约简结果,使提取的决策规则更加精炼。

第二,在规则合理性方面。本例直接利用 RS 得到的约简结果有 3 种,3 组约简提取的规则各不相同,规则合理性也存在差异。例如,选取约简$\{a,c,f\}$提取的规则 4 与规则 5 存在逻辑上的矛盾,且规则 4 不符合装备优先采购的实际情况。究其原因在于使用频率并非影响采购需求的直接因素,而是通过影响装备使用寿命和故障率对采购需求产生间接作用。因此,选择约简$\{a,c,f\}$就出现了重要因素"故障率"被误删的情况,使获取规则的合理性和可信度降低;而 DEMATEL-RS 方法首先对各影响因素的重要性进行判定,为后续属性约简提供了依据,有效避免了重要属性被误删、规则合理性较差等问题,使获取的决策规则符合客观实际。

综上分析,DEMATEL-RS 方法既充分挖掘了数据信息,又利用了因素间互相作用关系,避免了重要属性被约简,使获取的决策规则既精炼又客观合理。通过本方法提取的决策规则可为决策者在制订采购计划时判断采购哪些装备、确定采购优先级提供参考依据,避免了采购计划的主观随意性。由于本例中的样本数量有限,为进一步提高决策规则的可信度,在实际应用中应做好相关数据的收集整理工作,建立数据库,利用 DEMATEL-RS 方法进行大数据分析,使提取的决策规则更加准确。依据决策规则,决策部门就可以根据经费预算,确定一定时期内需要采购的装备种类,再根据装备的不同类型选择合适的采购方式,由采购机构组织实施。

3.4　装备采购量预测方法

对于符合框架协议招标采购适用条件的装备，可采用框架协议招标模式进行采购。虽然框架协议招标对采购总量无明确要求，但确定协议期限和采购总量，有助于采购部门合理编报各年度经费预算，提升装备经费的使用效益。同时，对投标人而言，只有明确了框架协议的总体数量需求，才能对是否参加投标、参加投标时的报价策略、中标以后的生产统筹方案做出选择。因此，决策者有必要根据装备编制缺口和消耗规律，科学预测协议期内的采购量，这样既能提高装备采购的计划性，同时又为供应商投标提供依据。

装备采购数量的确定主要来源于三个方面：一是现役装备中存在编制缺口，按编制配备需要采购的数量；二是装备退役更新后，根据编制规划需要采购新装备的数量；三是装备消耗或达到报废条件，需要继续补充的数量。对于非消耗类装备，如车辆、工程装备等，可直接根据编制缺口和协议期内退役报废情况判断装备需求量。对于消耗类装备，如弹药、维修器材备件等，则必须根据历史数据，采用合适的技术方法分析消耗规律，从而预测出合理的采购数量。

3.4.1　预测方法概述

预测就是根据历史数据资料，利用一定的方法和技术，对事物未来的发展趋势做出分析和推断，以指导人们未来的行动方向[91]。常用的预测方法有时间序列分析法、回归分析法、灰色预测法、神经网络法等。

时间序列分析法是指把历史数据按时间间隔进行排列，建立数据随时间变化的数学模型，对未来趋势进行预测[92]。该方法要求时间序列的变化趋势比较稳定，当对象存在不确定性或间断性需求时，预测的可信度较差。

回归分析法是指根据历史数据的变化规律，建立自变量与因变量之间的回归方程，确定模型参数，据此作出预测[93]。回归预测通常需要大量历史数据，且建立回归方程时需要考虑到所有的重要影响因素，否则预测结果的误差会比较大。

灰色预测法是指通过对原始数据的生成处理建立微分方程模型，寻求系统变动的规律，特别适合于小样本、贫信息的不确定型系统的预测问题[94]。灰色预测模型以经典 GM(1,1) 模型和离散 DGM(1,1) 模型为代表，其建模对象为一条时序数据，具有建模过程简单等优点，缺点是不能反映外部环境变化对系统变化趋势的影响[95]。

神经网络法是指模拟生物神经网络构建一种信息系统，采用机器学习的方式建立模型，对信息进行非线性映射处理，从而进行预测。神经网络法拟合能力强，但需要大量样本，收敛速度较慢，训练耗时较长[96]。

随着研究的不断深入，人们发现，现实中事物的发展规律会受到很多内外部因素的影响，单一预测方法难以考虑到需求的全部有效信息。为了提高预测的精度和效率，J. M. Bates 和 C. W. J. Granger 首先提出了组合预测法[97]。组合预测法可以充分发挥各种预测方法的优势，把单一预测所提供的信息整合起来，反映出系统内部的全部信息，一般能够提高预测的精确度和可靠性[93]。

本节以武警部队典型的消耗类装备——催泪弹为例，对适用于框架协议招标模式的消耗类装备采购量进行预测。

3.4.2 基于灰色模糊多元回归的采购量预测

催泪弹作为一种非致命性武器，具有产生刺激速度快、空间分散能力强等特点，能够迅速使不法分子失去抵抗力，达到快速驱散人群、控制事态发展、避免人员伤亡的目的，广泛运用于处突维稳等任务中[96]。催泪弹投掷也是武警部队官兵日常实战训练的重要科目之一。

催泪弹的采购数量以其消耗量为依据，催泪弹消耗主要受训练消耗量、报废消耗量和任务消耗量等因素的影响。从现实来看，各单位的训练用弹量（包含演习）、报废弹药量和遂行任务（如处置突发事件等）的用弹量有着较大的不确定性，另外受人为因素影响，收集的历史统计数据有时也不够精确，存在一定的模糊性。

对于因素间具有因果关系的预测问题，多采用回归分析方法。由于传统的回归模型难以完全反映变量之间的耦合关系，当变量信息具有一定的模糊性时，模型误差较大，预测效果不理想。模糊回归分析将传统回归分析与模糊数学相结合，能有效分析和处理模糊信息，为解决模糊预测问题提供了一种新思路[98]。此外，灰色预测法主要以小样本、贫信息的不确定性系统为研究对象，对模糊信息的预测也具有较好的效果。基于此，将灰色预测方法和模糊多元线性回归分析进行结合，充分发挥灰色系统少量数据建模和模糊多元回归模型多因素相关的优势[99]，以提高预测的精度和可信度。

1. 模糊线性回归模型

1982 年，H. Tanaka 首次提出了模糊回归模型，用以反映变量之间的模糊关系[100]。模糊线性回归(Fuzzy Linear Regression，FLR)模型通过研究和处理变量之间的模糊关系，从一个或几个自变量的值去预测模糊因变量的值。传统回归分析将真实值和估计值之间的偏差视为观测误差，模糊回归分析把这种误差看作是系统本身的不确定性，并把这种不确定性用模糊数进行表示[101]。关于模糊线性回归模型的讨论一般分为以下三种情况[102]：

(1) 自变量为实数，因变量和待估系数为模糊数；

(2) 自变量和因变量为模糊数，待估系数为实数；

(3) 自变量、因变量、待估系数均为模糊数。

根据催泪弹消耗统计数据的实际规律，主要考虑第一种情况，利用模糊回归系数来反映各个影响因素与采购量的模糊关系。相关概念如下[98, 101]：

设有 n 组观测数据，分别为 $(y_i, x_{1i}, x_{2i}, \cdots, x_{pi})$，$i=1, 2, \cdots, n$，观测数据均为实数，可建立模糊线性回归模型：

$$\boldsymbol{Y}_i = A_0 + A_1 \boldsymbol{X}_{1i} + \cdots + A_p \boldsymbol{X}_{pi} \tag{3-10}$$

其中，$A_j (j=0, 1, \cdots, p)$ 为模糊回归系数。本书采用对称三角模糊数表示系数的模糊性。

设 $A_j(a_j, r_j)$ 为对称三角模糊数，其隶属度函数为

$$\mu_{A_j}(x) = \begin{cases} 1 - \dfrac{|x - a_j|}{r_j} & |x - a_j| \leqslant r_j \\ 0 & \text{其他} \end{cases} \tag{3-11}$$

其中，a_j 为 A_j 的中心；r_j 为 A_j 的半径，代表模糊幅度。根据三角模糊数的运算法则[103]，可推导出 $\boldsymbol{Y}_i$ 也为对称三角模糊数：

$$\boldsymbol{Y}_i = \left(a_0 + \sum_{j=1}^{p} a_j x_{ij}, \; r_0 + \sum_{j=1}^{p} r_j |x_{ij}| \right) \tag{3-12}$$

令 $B_i = a_0 + \sum\limits_{j=1}^{p} a_j x_{ij}$，$R_i = r_0 + \sum\limits_{j=1}^{p} r_j |x_{ij}|$，则其隶属度函数为

$$\mu_{A_j}(y_i) = \begin{cases} 1 - \dfrac{\left| y_i - \left(a_0 + \sum\limits_{j=1}^{p} a_j x_{ij} \right) \right|}{r_0 + \sum\limits_{j=1}^{p} r_j |x_{ij}|} & B_i - R_i \leqslant y_i \leqslant B_i + R_i \\ 0 & \text{其他} \end{cases} \tag{3-13}$$

模糊回归系数的确定方法有两种：一是将回归系数的模糊度最小化，建立线性规划模型，即线性规划法[100]；二是将变量估计值与观测值的差异最小化，即

最小二乘法[104]。本节采用第一种方法，该模型满足以下两个准则[105]：

准则 1：回归系数的模糊幅度之和为最小，即

$$\min Z = r_0 + \sum_{j=1}^{p} r_j \qquad (3-14)$$

准则 2：估计值 $\boldsymbol{Y}_i$ 的 h 水平截集必须包括 $\boldsymbol{Y}_i$ 的所有观测数据 y_i，即

$$\mu_{A_j}(y_i) \geqslant h,\ 0 \leqslant h \leqslant 1 \qquad (3-15)$$

根据上述准则，将 FLR 问题转化为求解多元线性规划模型：

$$\min Z = r_0 + \sum_{j=1}^{p} r_j$$

$$\text{s. t.} \begin{cases} a_0 + \sum_{j=1}^{p} a_j x_{ij} - (1-h)\left(r_0 + \sum_{j=1}^{p} r_j |x_{ij}|\right) \leqslant y_i \\ a_0 + \sum_{j=1}^{p} a_j x_{ij} + (1-h)\left(r_0 + \sum_{j=1}^{p} r_j |x_{ij}|\right) \geqslant y_i \\ r_j \geqslant 0,\ j = 1,\ 2,\ \cdots,\ p \end{cases} \qquad (3-16)$$

由式(3-16)可求出回归系数 $A_j(a_j,\ r_j)$ 的解，进而得到该问题的模糊多元回归方程。当 $a_j \neq 0$ 且 $r_j = 0$ 时，A_j 为精确数；当 $a_j = 0$ 时，表示 y_i 与 x_{ij} 无关，可从式(3-10)中将其删除。将各自变量的取值代入模糊多元回归方程，就能对因变量的取值范围进行预测。

2. 灰色预测模型

灰色预测模型通过对原始数据的生成处理来寻求系统变动的规律，以 GM(1,1)模型和 DGM(1,1)模型为主要代表。其基本思想为：对原始序列进行一次累加生成新的序列，建立微分方程，利用差分对方程进行离散化处理，利用最小二乘法对未知参数进行估计，最终得到预测模型。

灰色预测算法实质上是一种曲线拟合过程，对于近似单调性序列具有较为理想的预测精度，但对非单调性序列的预测性能较差[95]。由于武警部队催泪弹的消耗量有着较大的不确定性，每年的消耗数据往往不具有单调性，存在一定的波动和振荡。为了解决随机振荡序列的预测问题，曾波、刘思峰等人[106]在 DGM(1,1)模型中引入平滑性算子，建立了随机振荡序列预测模型，其基本原理如下[95,106]：

定义 3.5　设数据序列 $\boldsymbol{X} = (x(1),\ x(2),\ \cdots,\ x(n))$，若 $\exists k,\ k' \in \{2, 3, \cdots, n\}$，有

$$x(k) - x(k-1) > 0,\ x(k') - x(k'-1) < 0$$

则称 $\boldsymbol{X}$ 为振荡序列。

定义 3.6　对于随机振荡序列 $\boldsymbol{X}=(x(1),\ x(2),\ \cdots,\ x(n))$，设

$$M=\max\{x(k)\,|\,k=1,\ 2,\ \cdots,\ n\}$$

$$m=\min\{x(k)\,|\,k=1,\ 2,\ \cdots,\ n\}$$

则称 $T=M-m$ 为振荡序列 $\boldsymbol{X}$ 的振幅。

定义 3.7　设振幅为 T 的随机振荡序列 $\boldsymbol{X}^{(0)}=(x^{(0)}(1),\ x^{(0)}(2),\ \cdots,\ x^{(0)}(n))$，序列 $\boldsymbol{Y}^{(0)}=\boldsymbol{X}^{(0)}\boldsymbol{D}=(y^{(0)}(1),\ y^{(0)}(2),\ \cdots,\ y^{(0)}(n))$，其中

$$y^{(0)}(k)=\frac{[x^{(0)}(k)+T]+[x^{(0)}(k+1)+T]}{4},\ k=1,\ 2,\ \cdots,\ n-1 \quad (3-17)$$

则称 $\boldsymbol{D}$ 为序列 $\boldsymbol{X}^{(0)}$ 的一阶平滑算子，称序列 $\boldsymbol{Y}^{(0)}$ 为随机振荡序列 $\boldsymbol{X}^{(0)}$ 的平滑序列。

下面构建随机振荡序列的灰色预测模型。

根据 $\boldsymbol{X}^{(0)}$ 建立 DGM(1,1)模型，得

$$y^{(1)}(k+1)=\beta_1 y^{(1)}(k)+\beta_2 \quad (3-18)$$

β_1、β_2 由最小二乘确定：

$$\hat{\boldsymbol{\beta}}=[\beta_1,\ \beta_2]^{\mathrm{T}}=(\boldsymbol{B}^{\mathrm{T}}\boldsymbol{B})^{-1}\boldsymbol{B}^{\mathrm{T}}\boldsymbol{Y} \quad (3-19)$$

其中

$$\boldsymbol{Y}=\begin{bmatrix} y^{(1)}(2) \\ y^{(1)}(3) \\ \vdots \\ y^{(1)}(n) \end{bmatrix},\ \boldsymbol{B}=\begin{bmatrix} y^{(1)}(1) & 1 \\ y^{(1)}(2) & 1 \\ \vdots & \vdots \\ y^{(1)}(n-1) & 1 \end{bmatrix}$$

取 $y^{(1)}(1)=y^{(0)}(1)$，有

$$\hat{y}^{(1)}(k+1)=\beta_1^k y^{(0)}(1)+\frac{1-\beta_1^k}{1-\beta_1}\beta_2,\ k=1,\ 2,\ \cdots,\ n-1 \quad (3-20)$$

则

$$\hat{y}^{(0)}(k+1)=\hat{y}^{(1)}(k+1)-\hat{y}^{(1)}(k),\ k=1,\ 2,\ \cdots,\ n-1 \quad (3-21)$$

称为随机振荡序列 $\boldsymbol{X}^{(0)}$ 的平滑序列 $\boldsymbol{Y}^{(0)}$ 的 DGM(1,1)模型。

由式(3-17)～式(3-21)推导得出

$$\hat{x}^{(0)}(k+1)=4\hat{y}^{(0)}(k)-\hat{x}^{(0)}(k)-2T \quad (3-22)$$

$$\hat{y}^{(0)}(k+1)=\beta_1^{k-1}\hat{y}^{(0)}(1)(\beta_1-1)+\beta_1^{k-1}\beta_2 \quad (3-23)$$

根据式(3-17)，当 $k=1$ 时，有

$$\hat{x}^{(0)}(2)=4\hat{y}^{(0)}(1)-\hat{x}^{(0)}(1)-2T=\frac{x^{(0)}(1)+x^{(0)}(2)+2T}{4}+x^{(0)}(1) \quad (3-24)$$

令 $C=x^{(0)}(2)$ 为随机振荡序列预测模型的初值。由式(3-22)～式(3-24)，推导出

$$\hat{x}^{(0)}(t)=\frac{4(y^{(0)}(1)(\beta_1-1)+\beta_2)}{1+\beta_1^{-1}}\beta_1^{t-3}-$$

$$(-1)^t\left(\frac{4(y^{(0)}(1)(\beta_1-1)+\beta_2)}{1+\beta_1^{-1}}\beta_1^{-1}-C-T\right)-T \quad (3-25)$$

称式(3-25)为随机振荡序列的灰色预测模型(Grey Model of Random Oscillation Sequence)，简称 ROGM(1，1)模型。

ROGM(1，1)模型由指数函数和奇偶突变函数复合而成，能较好地模拟原始序列的振荡特征，在一定程度上解决了灰色模型对振荡序列预测精度不高的问题。因此采用 ROGM(1，1)模型针对催泪弹各类消耗量进行预测，以提高预测的可靠性。

3. 灰色模糊多元回归预测模型的建立

由于回归预测依赖于各自变量的取值，首先采用 ROGM(1，1)灰色预测方法预测催泪弹各类消耗量，然后将预测值作为新的自变量代入模糊多元回归模型，形成灰色模糊多元回归预测模型，从而对未来一段时期内的催泪弹采购量进行预测，为确定框架协议期内的采购总量提供依据。灰色模糊多元回归预测模型见图 3-2。

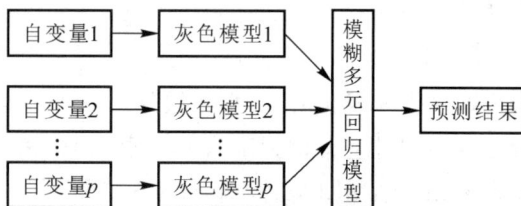

图 3-2　灰色模糊多元回归预测模型

3.4.3　示例分析

本节以某型催泪弹为例，随机抽取了某单位 7 个周期的供应消耗数据进行采购量预测，前 5 组数据作为建模数据，后 2 组数据作为测试数据。由于保密性要求，数据已做预处理，可靠性不受影响。

1. 基于 ROGM(1，1)的自变量预测

要预测未来一段时期的催泪弹采购量，首先必须对未来催泪弹消耗量进行预测。利用前 5 个周期数据对 3 个自变量原始序列建立 ROGM(1，1)灰色预测模型，利用 MATLAB 软件得到各个自变量的预测方程为

$$\hat{x}^1(t)=12.1669(1.0243)^{t-3}+(-1)^t 0.0785-1.3 \quad (3-26)$$

$$\hat{x}^2(t)=3.2962(1.0606)^{t-3}+(-1)^t 0.008-0.7 \quad (3-27)$$

$$\hat{x}^3(t) = 1.6686 (1.0056)^{t-3} + (-1)^t 0.0593 - 0.24 \qquad (3-28)$$

经检验，3 个灰色模型的平均相对拟合误差分别为 4.2033%、9.1957%、8.0233%，均小于 10%，模型拟合精度较高。分别利用 ROGM(1，1) 和经典 GM(1，1) 模型预测周期 6~7 的消耗量，结果如表 3-13 所示。

表 3-13　　两种模型预测结果对比

周期	训练消耗量 x_1			报废消耗量 x_2			任务消耗量 x_3		
	观测值	ROGM	GM	观测值	ROGM	GM	观测值	ROGM	GM
6	11.70	11.67	12.38	3.00	3.18	3.24	1.48	1.40	1.40
7	11.40	11.57	13.14	2.80	3.06	3.48	1.52	1.51	1.40
平均相对误差/%	0.87	10.54	—	7.69	16.14	—	3.04	6.65

分析表 3-13 的误差结果可知，GM(1，1) 模型对自变量的预测误差均大于 ROGM(1，1) 模型。因此，对于存在振荡波动的历史数据，ROGM(1，1) 模型的预测精度总体更高，将 ROGM(1，1) 模型预测结果代入模糊线性回归模型中进行预测的可靠性更强。

2. FLR 模型构建与求解

将该型催泪弹采购量作为因变量 y，自变量分别为训练消耗量 x_1，报废消耗量 x_2、任务消耗量 x_3，可建立催泪弹采购量、训练消耗量、报废消耗量、任务消耗量之间的模糊多元线性回归模型，即

$$\boldsymbol{Y}_{t+1} = A_0 + \sum_{p=1}^{3} A_p \boldsymbol{X}_{pt} \qquad (3-29)$$

其中，$\boldsymbol{A}_p (p=0，1，2，3)$ 为模糊回归系数，采用对称三角模糊数表示。取置信水平 $h=0.5$，利用 MATLAB 软件求解式(3-16)，得到回归系数的三角模糊数值，见表 3-14。

表 3-14　　回归系数的三角模糊数值

p	中心值 a_p	模糊幅度 r_p	三角模糊数 A_p
0	0	0	(0, 0)
1	0.5035	0.0984	(0.5035, 0.0984)
2	0.3809	0	(0.3809, 0)
3	6.8495	0	(6.8495, 0)

由表 3-14 可得模糊回归方程为

$$\hat{y}_{\tau+1}=(0.5035,0.0984)x_{1\tau}+0.3809x_{2\tau}+6.8495x_{3\tau} \qquad (3-30)$$

从式(3-30)可以看出,只有 x_1 的系数是不确定的,说明 $\hat{y}_{\tau+1}$ 的模糊性是由 x_1 引起的,即催泪弹采购量的模糊变化受到训练消耗量的影响。将数据代入式(3-30)可以求出 FLR 模型的拟合值及误差,结果详见表 3-15。

表 3-15　模型拟合值及误差

周期	观测值	拟　合				相对误差/%
		中心值	模糊度	上限	下限	
1	17	17.56	1.11	18.67	16.45	3.29
2	15	15.52	1.03	16.55	14.49	3.47
3	16	16.24	1.05	17.29	15.19	1.50
4	18	17.42	1.16	18.58	16.26	3.22
5	15	15.52	1.04	16.57	14.48	3.47
平均相对误差/%						2.99

从表 3-15 的拟合结果来看,中心值和观测值的相对误差均在 4% 以内,说明模糊线性回归(FLR)模型的拟合精度较高。为验证构建的模糊多元回归预测模型的合理性,分别采用 FLR 模型、LR 模型、BP 神经网络模型,依据催泪弹消耗情况,对各周期采购量进行拟合和预测,各种方法的结果误差比较如表 3-16 所示。

表 3-16　模型误差对比

周期	观测值	FLR 模型	LR 模型	BP 神经网络模型
1	17	17.56	17.11	17.98
2	15	15.52	15.18	14.93
3	16	16.24	15.77	16.25
4	18	17.42	17.97	18.19
5	15	15.52	14.97	15.01
拟合平均相对误差/%		2.99	0.73	1.78
6	17	17.17	17.56	17.40
7	17	17.22	17.25	17.90
预测平均相对误差/%		1.15	2.38	3.80

　　从表 3 – 16 可以看出，三种模型的拟合精度和预测精度都比较高，拟合平均相对误差均在 4％以下，而 FLR 模型的预测平均相对误差最小，这表明 FLR 模型对于本例的预测具有更高的精度及实用性。此外，通过 FLR 模型得到的预测结果是一个范围，能够为决策者确定协议期内催泪弹采购量提供合理的参考区间。

第 4 章　框架协议招标的中标供应商选择决策

供应商选择是框架协议招标的核心环节，也是保证装备采购工作顺利进行的基础。通过评选出优质的供应商并与之签订采购协议，形成稳定的合作关系，能够降低装备采购风险，提高采购效益。在框架协议招标采购中，中标供应商的选择是由技术、经济以及相关业务代表等各方专家组成的评审小组，依据供应商资质、技术、价格、服务等众多因素进行综合评审，得出供应商排序并推荐中标候选人的过程，其实质是一个多属性群决策问题[107]。本章围绕框架协议招标模式下如何选择中标供应商以及如何确定中标供应商数量这两个决策问题展开具体研究。

4.1　框架协议招标模式下中标供应商选择的原则及步骤

4.1.1　中标供应商选择的原则

框架协议招标模式下选择中标供应商时应把握以下两个原则：

（1）综合评价原则。框架协议招标是一种供应链采购模式，致力于供需双方长期稳定的合作关系。因此，必须全面考察投标人的资质、技术水平、生产供应能力、投标报价、质量保障、售后服务和商业信誉等，对投标人进行综合评价，择优选取中标供应商。此外，由于框架协议招标多适用于通用类装备，技术标准相对统一，招标人更看重经济性和服务保障能力，因此在一定范围内可适当调整技术、价格和商务部分的权重比例，提升采购整体效益。

（2）风险控制原则。框架协议招标采购协议期较长，采购数量大。受外部环境、供应商生产供应能力、道德风险等因素影响，若只选择一家供应商，可能出现交付延误、质量缺陷等供应风险。装备关乎部队战斗力生成，且装备的可靠性、保障的时效性要求高，为尽可能规避上述风险，招标方应根据具体情形择优选取多家供应商，以保证装备采购的质量。

4.1.2　中标供应商选择的步骤

框架协议招标模式下中标供应商的选择过程可分为以下三步：

（1）发布招标公告，确定入围投标供应商。根据装备类型及保密要求，公开或向特定供应商发出招标公告。由于采用框架协议招标的装备技术标准统一、市场生产主体较多，招标时一般会吸引较多的供应商参与竞争，这些供应商的规模资质和生产水平参差不齐，如果全部参与投标，不仅会增加评标阶段的工作量，还会增加将采购项目授予不合格投标人的风险[108]。在这种情况下，招标人可对潜在投标人的资质条件、财务状况、技术能力、业绩等方面设置门槛，进行资格预审[109]（准则详见表4-1），排除一批不合格供应商。同时为了提高招标工作的严谨性，可对符合资格条件的供应商进行必要的实地考察，确定入围投标供应商。

表4-1　资格预审准则

一级指标	二级指标	审查内容
资质条件	营业资格	营业执照、法人资质、行业许可证、执业资格证、缴纳社保证明、完税凭证等
	特殊资质	保密资质、武器装备科研生产许可证、军队供应商资质（公开招标可不作要求）等
财务状况	资产实力	注册资本
	经营状况	近三年资产负债表、损益表、财务审计报告等
技术能力	技术水平	产品标准与技术文件、专业技术人员情况及数量、检验试验手段等
	生产能力	设施设备配备情况及数量、生产人员情况及数量、日均生产能力、最大生产能力等
	管理水平	质量管理体系认证、管理机构及人员配置情况
业绩	履约情况	以往交易合同履行情况证明（如合同数量、额度、产品合格率、准时交付率等）
信誉	荣誉	获奖情况
	不良记录	参加本次投标前三年内，有无重大违法记录、重大质量安全事故、违反商业信用行为
服务	售后服务	维修人员专业技能证书、维修响应时间、维修周期等

注：具体标准参见《装备承制单位资格审查管理规定》。

（2）根据评标准则和评标方法，确定投标供应商排序。招标人根据使用单位对装备技术、价格以及供应商服务等方面的需求偏好，合理确定评价指标及权重，并组织评审专家根据具体的评价方法对入围投标供应商进行综合评审，以确定投标供应商的排序。

（3）根据装备需求特点和供应情况，确定中标供应商的数量。招标人根据装备的预估采购数量、装备保障的时效性要求以及供应商的生产供应能力等，分析装备供应风险，依据投标供应商排序结果，确定中标供应商的数量及名单。

4.2　装备采购供应商选择评价指标体系构建

装备供应商选择评价指标体系是装备采购方对投标供应商进行综合评价的依据和标准。评价指标选取的科学性、合理性对最后评价结果的可靠性有着直接的影响，进而影响采购方的最终决策。

4.2.1　评价指标的选取原则

根据装备采购的特点和供应商选择的实际情况，供应商评价指标的选取应遵循以下三个原则：

（1）全面性原则。评价指标必须能够全面反映供应商投标方案的特性，由于评价涉及的因素复杂多样，应兼顾定性与定量指标，便于专家从不同角度和层次衡量各个供应商的优劣，进行科学合理的评价，进而选出综合评价较高的中标候选人。

（2）重要性原则。应根据采购项目的实际情况，从众多指标中筛选出能够反映项目需求特性的关键指标，并根据采购方的需求偏好赋予各指标不同的权重，强化重要指标的作用，选出更加符合采购方需求的供应商。

（3）可操作性原则。评价指标要满足不同方案评价指标之间能够量化比较的要求。在供应商评价过程中，定量指标一般根据投标文件中的统计数据进行赋值，定性指标则由相关领域专家根据供应商的实际情况进行量化评价。

4.2.2　评价指标体系的建立

框架协议招标立足于供需双方稳定的合作关系，因此该模式下的装备采购力求实现以下 5 个目标：一是质量优良，二是价格合理，三是供货及时，四是服务到位，五是供应商可靠。根据这 5 个目标，结合当前国家和军队供应商选择的相关政策规定，以及装备采购的相关研究成果，归纳出装备供应商选择评价指标体系的 5 个评价准则，即技术、价格、进度、服务和供应商实力。将评价准则进一步细化，得到 9 个方面的评价指标，如图 4-1 所示。

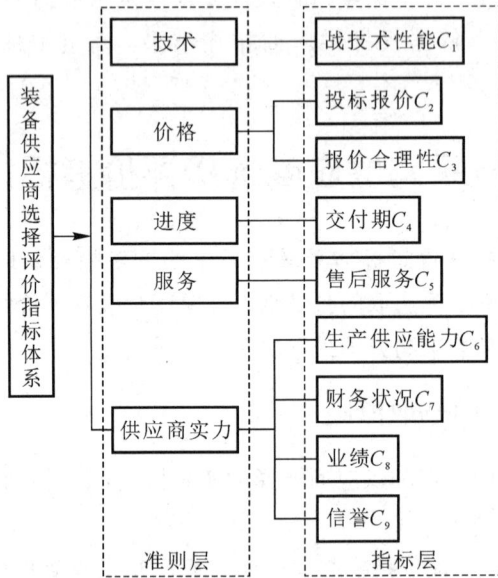

图 4-1　装备供应商选择评价指标体系

1. 技术准则

技术准则主要包含装备承制方案、关键工艺的说明及措施，技术状态管理及风险控制能力等。有些采购项目还需要投标人提供样品进行技术性能检验，以便于评审专家对样机制造水平和实操功能特性进行评价。技术准则反映了投标方对招标文件中装备技术参数和战术性能要求的实质性响应，下设战技术性能指标，用以评价各投标技术方案对采购方需求的满足程度。

2. 价格准则

价格是所有招标采购项目中必不可少的一项指标，招标的目的就是以优惠的价格采购到优质的产品。然而在实际招标中，有的供应商为了抢占市场份额低价抢标，中标后为了获取利润又会想方设法压缩成本，导致产品出现质量缺陷、延迟交付、售后服务差等问题，增加了采购方的风险。基于此，价格准则下设投标报价、报价合理性 2 个指标。投标报价指标反映报价金额，供应商报价越低，越有竞争力，采购方得到的优惠也越多；报价合理性指标反映了专家对报价金额、技术参数、售后服务承诺等多方面的综合评价，通过报价合理性评价可降低供应商之间的恶性低价竞争。两个指标相辅相成，实现了对供应商报价情况的综合考量。

3. 进度准则

进度准则反映了投标人能否在规定的期限内完成装备交付，下设交付期指标。不同的采购项目对交付期长短的重视程度不同，一般来说，对于时效性要求比较高的采购项目，如抢险救援类装备的应急采购项目，交付期越短，越能满足部队需求，指标权重也越大；而对于常规采购项目，时间要求比较宽裕时，在规定期限内交付即可，指标权重相对较小。

4. 服务准则

服务准则反映了装备后期使用过程中供应商提供的服务保障水平。从部队调研反馈情况来看，目前装备零部件易损坏、维修周期长、成本高的问题还比较突出，部队用户满意度总体不高。因此，装备采购中，服务指标越来越成为采购方关注的重点。服务准则下设售后服务指标，主要根据装备售后服务保障承诺对供应商进行评价。

5. 供应商实力准则

供应商实力是判断供应商能否顺利完成协议约定内容，也是形成稳定合作关系的重要依据。由于能够入围投标的供应商均已符合资质条件，此处不再将供应商资质列入评价指标中。供应商实力准则下设生产供应能力、财务状况、业绩、信誉 4 个指标。其中，生产供应能力反映了供应商的供货响应效率；财务状况反映了供应商资产、债务等经济状况；业绩和信誉反映了供应商以往的履约情况和经验。这些指标都对评价供应商是否可靠起到了重要的参考作用。

4.2.3　指标体系的效度检验

要检验本书所构建的装备供应商选择评价指标体系是否科学、合理，能否客观、全面地反映投标供应商的情况，需要对评价指标进行效度检验。

效度反映了评价指标表示评价对象范畴的准确程度[110]。通常邀请熟悉该测量内容的专家和有实践工作经验的人员来评判效度。效度检验常用"内容效度比"（Content Validity Ratio，CVR）来表示，计算公式为

$$CVR = \frac{n_{\mathrm{e}} - \dfrac{N}{2}}{\dfrac{N}{2}} \qquad\qquad (4-1)$$

式中，N 为评判人员的总人数，n_{e} 表示认为该指标能很好地表示测量对象范畴的人数。式（4-1）表明，当认为指标内容适当的评判人员不到半数时，CVR 是负值。

笔者首先征询了 5 名从事装备采购工作的专家和 5 名装备使用单位代表的意见，对构建的指标与评价对象的密切程度进行打分。评价等级采用五分制，1~5 分依次代表差、次差、一般、良好、好五个等级。然后，收集专家代表的打分结果，运用公式（4-1），计算指标的内容效度比。评价指标的 CVR 值见图 4-2。

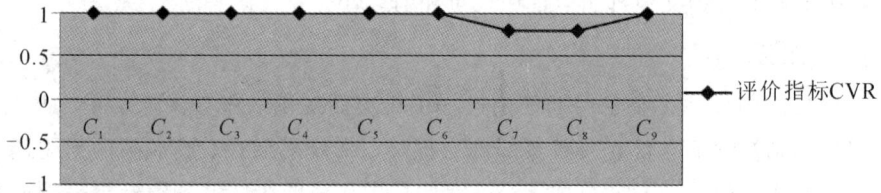

图 4-2　装备供应商选择评价指标 CVR

如图 4-2 所示，各项评价指标 CVR≥0.8。说明评价指标体系具有较高的效度，绝大部分指标能够较好地反映测量对象的主要范畴。

4.2.4　评价指标的数据类型

根据装备供应商选择评价指标的内容，可分为定性指标和定量指标。

定量指标可用投标文件中的精确数值来表示，如投标报价、交付期。定性指标需要邀请相关领域专家根据个人知识和经验对各投标供应商进行评价。在定性评价过程中，专家往往习惯于运用简单熟悉的语言术语对指标进行定性判断，如针对供应商财务状况、信誉等定性指标，以好、较好、一般、较差、差等语言变量赋予其评价值。这种评价方式更符合人的表达习惯，能够反映出专家的主观意愿。在具体评价过程中，供应商财务状况、生产供应能力、业绩、信誉依据投标人提供的资格文件进行评价（标准详见表 4-1）；售后服务依据投标人提供的售后服务承诺进行评价；战技术性能依据投标人提供的技术文件和样品进行评价；报价合理性依据投标人提供的报价金额、技术文件、售后服务承诺进行综合评价。装备供应商选择评价指标及其类型详见表 4-2。

表 4 - 2　装备供应商选择评价指标及其类型

评价指标	指标类型	数据类型	分类
战技术性能 C_1	定性	语言	B
投标报价 C_2	定量	数值	C
报价合理性 C_3	定性	语言	B
交付期 C_4	定量	数值	C
售后服务 C_5	定性	语言	B
生产供应能力 C_6	定性	语言	B
财务状况 C_7	定性	语言	B
业绩 C_8	定性	语言	B
信誉 C_9	定性	语言	B

注：B 为效益型指标，C 为成本型指标。

4.3　基于混合 GRA - TOPSIS 的供应商选择决策方法

在装备采购供应商选择决策中，指标评价的数据形式既有精确数值，又有语言变量。本节针对混合数据类型的评价信息，建立基于 GRA - TOPSIS 方法的装备供应商选择决策模型，对各投标供应商进行排序[111]。

4.3.1　TOPSIS 方法与传统评标方法的比较及改进

1. 传统评标方法

招标采购供应商的选择是通过评标方式进行的。我国《招标投标法》第 41 条规定了两种基本的评标方法：最低评标价法和综合评标法[112]。这两种评标方法各有优劣。最低价评标法根据投标报价确定中标人，方法简单易行，但容易引发低价恶性竞争，导致产品质量下降，优汰劣胜，影响企业创新的积极性，增加采购的风险。综合评标法是对投标人能力及其所提供标的价值的评价，评价标准包括投标报价、进度、质量、资质、信誉等多方面，能够对各投标人进行全面、综合的考察和评审，评价结果更加合理可信。因此，在招标实践中，综合评标法的应用更为广泛。

目前，常用的综合评标法采取专家打分的方式进行，即专家组依据评标标准和细则对各投标人指标进行量化打分，根据最终得分排序推荐中标候选人。专家打分法的优势在于操作简单，能够较为准确地测定各投标人的综合实力。但是，该方法也有一定的缺陷：一是打分标准由人为设定，缺乏科学充分的依据，容易引发"寻租""公关"等腐败行为；二是采用精确数值对定性指标进行量化，难以准确反映出专家主观评价的模糊性和不确定性，在一定程度上造成评价信息的丢失与扭曲，排序结果存在一定的误差。

2. TOPSIS 方法

逼近理想解排序法（Technique for Order Preference by Similarity to an Ideal Solution，TOPSIS）是根据有限个评价对象与理想化目标的接近程度对被评价对象进行排序的一种方法，由 C. L. Hwang 和 K. Yoon 于 1981 年首次提出[113]。其基本原理为：从多个评价对象中寻找各个指标的最优值和最劣值构造正、负理想解，分别计算每个评价对象到正、负理想解的距离 d_i^+、d_i^-，得到各评价对象与理想解的贴近度 $c_i = d_i^- / (d_i^+ + d_i^-)$，根据贴近度大小进行排序。该方法适用于多对象、多指标的选优问题，决策者可根据不同标准选择更满意的对象[114]。

在装备采购供应商选择决策中，影响供应商选择的因素众多，评价指标中既有定性描述，也有定量数值，与传统评标方法相比，TOPSIS 方法更符合多目标、多数据类型条件下装备供应商选择评价的要求。

3. TOPSIS 方法的改进

传统 TOPSIS 方法根据评价对象与正、负理想解的相对接近程度进行优劣排序。然而，距离正理想解最近的对象未必距离负理想解最远，如图 4-3 所示，设对象 A_1 位于正、负理想解的中垂线上，即 $d_1^+ = d_1^-$；对象 A_2 在中垂线左侧，即 $d_2^+ < d_2^-$。根据 TOPSIS 方法解得 $c_2 > c_1 = 0.5$，即使 $d_2^+ > d_1^+$，仍然得出对象 A_2 优于 A_1 的结论，这显然是不合理的。因此传统 TOPSIS 方法具有一定的局限性，所得决策结果并不一定是离正理想解最近的[115]。

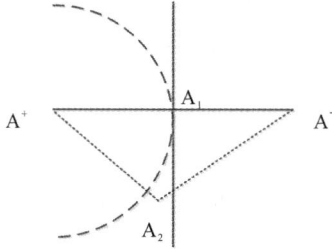

图 4-3　TOPSIS 方法的局限性

　　为了更客观准确地衡量各评价对象与正、负理想解之间的关系，引入灰关联分析方法（Grey Relation Analysis，GRA）对 TOPSIS 方法中的贴近度公式进行改进。灰关联度是根据灰色系统数据序列曲线几何形状的相似程度定量表征因素间的关联程度[116]。本书采用邓氏灰关联度计算方法[117]，首先求出各评价对象各指标与正、负理想解的灰关联系数，然后通过求解灰关联度得到各对象与正理想解的贴近度。相比于距离，灰关联系数能更直观地刻画出各评价对象与正、负理想解在各指标下的相关性[118]。改进后的 TOPSIS 方法具体步骤如下：

　　（1）构造初始评价矩阵，经无量纲化处理，得到规范化评价矩阵：

$$\boldsymbol{U}=(u_{ij})_{n\times m}=\begin{bmatrix} u_{11} & u_{12} & \cdots & u_{1m} \\ u_{21} & u_{22} & \cdots & u_{2m} \\ \vdots & \vdots & \ddots & \vdots \\ u_{n1} & u_{n2} & \cdots & u_{nm} \end{bmatrix}, i=1,2,\cdots,n; j=1,2,\cdots,m$$

　　（2）确定正理想解 $\boldsymbol{F}^+$ 和负理想解 $\boldsymbol{F}^-$。正理想解 $\boldsymbol{F}^+=\{u_j^+\}$，负理想解 $\boldsymbol{F}^-=\{u_j^-\}$，$j=1,2,\cdots,m$。其中：

$$u_j^+=\begin{cases} \max\limits_i u_{ij} & j\text{ 为效益型指标} \\ \min\limits_i u_{ij} & j\text{ 为成本型指标} \end{cases}$$

$$u_j^-=\begin{cases} \min\limits_i u_{ij} & j\text{ 为效益型指标} \\ \max\limits_i u_{ij} & j\text{ 为成本型指标} \end{cases}$$

　　（3）计算各对象每个指标与正理想解的灰关联系数 ξ_{ij}^+：

$$\xi_{ij}^+=\frac{\min\limits_i\min\limits_j d_{ij}^+ +\rho\max\limits_i\max\limits_j d_{ij}^+}{d_{ij}^+ +\rho\max\limits_i\max\limits_j d_{ij}^+} \tag{4-2}$$

其中，$d_{ij}^+=d(a_{ij},a_j^+)$，$i=1,2,\cdots,n; j=1,2,\cdots,m$，$\rho\in[0,1]$为分辨系

数，一般取 $\rho = 0.5$。

由灰关联系数 ξ_{ij}^{+} 及各指标权重 ω_j 可得各对象与正理想解的关联度 γ_i^{+}：

$$\gamma_i^{+} = \sum_{j=1}^{m} \omega_j \xi_{ij}^{+} \qquad (4-3)$$

同理，可以计算出各对象每个指标与负理想解的灰关联系数 ξ_{ij}^{-} 和灰关联度 γ_i^{-}。

(4) 计算各评价对象与正理想解的贴近度 c_i：

$$c_i = \frac{\gamma_i^{+}}{\gamma_i^{+} + \gamma_i^{-}} \qquad (4-4)$$

基于"与正理想解贴近度越大，对象越优"的原则，可对所有评价对象排序。

4.3.2　装备招标采购供应商选择问题描述

在招标采购中，供应商的选择是由技术、经济专家以及相关业务代表等各方组成评标委员会，依据投标文件中反映的供应商实力、产品质量、价格、服务等众多因素，共同对投标供应商进行评价和优选，其问题可描述如下：

设通过资格预审的投标供应商集为 $A = \{A_i, i = 1, 2, \cdots, n\}$，评价指标集为 $C = \{C_j, j = 1, 2, \cdots, m\}$，令 ω_j 为指标 C_j 的权重，满足 $\omega_j \in [0, 1]$，且 $\sum_{j=1}^{m} \omega_j = 1$。由招标方对定量指标进行客观数据收集，并依托评标委员会专家对定性指标进行主观评价。专家群体集为 $D = \{D_s, s = 1, 2, \cdots, k\}$，令 λ_s 为专家 D_s 的权重，满足 $\lambda_s \in [0, 1]$，且 $\sum_{s=1}^{k} \lambda_s = 1$。不失一般性，令 m 个评价指标中，前 h 个为定性指标，后 $m-h$ 个为定量指标，则专家 D_s 做出的评价矩阵为 $V_s = [a_{ij}^s]$，$i = 1, 2, \cdots, n$；$j = 1, 2, \cdots, h$，专家评价值用语言变量表示，设定语言评价集 $L = \{L_a, a = 1, 2, \cdots, r\}$，$r$ 为粒度。

4.3.3　评价值为语言变量的数据处理

语言变量通常采用转化的方式进行处理，可转化为实数、区间数、三角模糊数或直觉模糊数。由于多属性决策中的专家主观评价往往具有一定的模糊性，用模糊数能更加自然地衡量语言尺度，而直觉模糊数可同时反映出隶属度、非隶属度和犹豫度三方面信息，在处理模糊性和不确定性等方面更具有灵活性和实用性，有利于决策者理解运用[119]，因此将语言变量转化为更符合决策实际的直觉模糊数。

1. 直觉模糊数相关知识

美国 L. A. Zadeh 教授于 1965 年首次提出模糊集的概念，将某些难以精确计算和衡量的数据通过自然语言进行量化[120]。随后，K. T. Atanassov 对模糊集理论进行了扩展并给出了直觉模糊集的概念。

定义 4.1[121]　设 X 为非空论域，则 X 上的一个直觉模糊集 A 为

$$A = \{\langle x, \mu_A(x), \nu_A(x) \rangle \mid x \in X\}$$

其中 $\mu_A(x): X \rightarrow [0, 1]$ 和 $\nu_A(x): X \rightarrow [0, 1]$ 分别为元素 x 属于 A 的隶属度和非隶属度，并且满足条件：$0 \leqslant \mu_A(x) + \nu_A(x) \leqslant 1, x \in X$。令 $\pi_A(x) = 1 - \mu_A(x) - \nu_A(x)$ 为 A 中元素 x 的犹豫度，表示 x 属于 A 的不确定程度，且 $0 \leqslant \pi_A(x) \leqslant 1$。当 $\pi_A(x) = 0$ 时，A 退化成传统的模糊集。事实上，犹豫度越小表示所获取的信息越准确。

非空论域 X 上的直觉模糊集记作 IFS(X)。当 X 仅包含一个元素时，直觉模糊集 A 就成为直觉模糊数（IFN），记为 $\alpha = (\mu_\alpha, \nu_\alpha, \pi_\alpha)$，可将 π_α 省略，简写为 $\alpha = (\mu_\alpha, \nu_\alpha)$。其中 $\mu_\alpha \in [0, 1]$，$\nu_\alpha \in [0, 1]$，$0 \leqslant \mu_\alpha(x) + \nu_\alpha(x) \leqslant 1$，$\alpha^+ = (1, 0, 0)$ 和 $\alpha^- = (0, 1, 0)$ 分别为最大直觉模糊数与最小直觉模糊数。

定义 4.2[122]　设 $\alpha_1 = (\mu_{\alpha_1}, \nu_{\alpha_1})$ 和 $\alpha_2 = (\mu_{\alpha_2}, \nu_{\alpha_2})$ 为直觉模糊数，$s(\alpha_1) = \mu_{\alpha_1} - \nu_{\alpha_1}$ 和 $s(\alpha_2) = \mu_{\alpha_2} - \nu_{\alpha_2}$ 分别为 α_1 和 α_2 的得分值，$h(\alpha_1) = \mu_{\alpha_1} + \nu_{\alpha_1}$ 和 $h(\alpha_2) = \mu_{\alpha_2} + \nu_{\alpha_2}$ 分别为 α_1 和 α_2 的精确度。如果 $s(\alpha_1) < s(\alpha_2)$，则 $\alpha_1 \prec \alpha_2$；如果 $s(\alpha_1) = s(\alpha_2)$，则：① 若 $h(\alpha_1) = h(\alpha_2)$，则 $\alpha_1 = \alpha_2$；② 若 $h(\alpha_1) < h(\alpha_2)$，则 $\alpha_1 \prec \alpha_2$；③ 若 $h(\alpha_1) > h(\alpha_2)$，则 $\alpha_1 \succ \alpha_2$。

定义 4.3[123]　设 $\alpha_j = (\mu_{\alpha_j}, \upsilon_{\alpha_j})(j = 1, 2, \cdots, n)$ 是一组直觉模糊数（IFN），若

$$\text{IFWA}_\lambda(\alpha_1, \alpha_2, \cdots, \alpha_n) = \lambda_1 \alpha_1 \oplus \lambda_2 \alpha_2 \oplus \cdots \oplus \lambda_n \alpha_n = \left[1 - \prod_{j=1}^{n} \left(1 - \mu_{\alpha_j}\right)^{\lambda_j}, \prod_{j=1}^{n} \nu_{\alpha_j}^{\lambda_j} \right]$$

$$(4-5)$$

则称 IFWA 为直觉模糊加权平均算子，其中 $\boldsymbol{\lambda} = (\lambda_1, \lambda_2, \cdots, \lambda_n)^{\mathrm{T}}$ 为 α_j 的权重向量，$\lambda_j \in [0, 1]$，$\sum_{j=1}^{n} \lambda_j = 1$。

定义 4.4[124]　设 A 和 B 是两个属于 X 的直觉模糊集，$X = \{x_1, x_2, \cdots, x_n\}$，则 A 和 B 的 Euclidean 距离为

$$d(A, B) = \sqrt{\frac{1}{2n} \sum_{i=1}^{n} \left\{ [\mu_A(x_i) - \mu_B(x_i)]^2 + [\nu_A(x_i) - \nu_B(x_i)]^2 + [\pi_A(x_i) - \pi_B(x_i)]^2 \right\}}$$

$$(4-6)$$

特别地，任何两个直觉模糊数 $\alpha = (\mu_\alpha, \nu_\alpha, \pi_\alpha)$ 和 $\beta = (\mu_\beta, \nu_\beta, \pi_\beta)$ 的 Euclidean 距离为

$$d(\alpha,\ \beta)=\sqrt{\frac{1}{2}\left[(\mu_\alpha-\mu_\beta)^2+(\nu_\alpha-\nu_\beta)^2+(\pi_\alpha-\pi_\beta)^2\right]} \qquad (4-7)$$

A 和 B 的直觉模糊相似度可表示为

$$S(A,\ B)=1-d(A,\ B)$$

$$=1-\sqrt{\frac{1}{2n}\sum_{i=1}^{n}\{[\mu_A(x_i)-\mu_B(x_i)]^2+[\nu_A(x_i)-\nu_B(x_i)]^2+[\pi_A(x_i)-\pi_B(x_i)]^2\}}$$

$$(4-8)$$

2. 语言变量的转化方法及改进

鉴于直觉模糊数处理不确定问题的优越性，并且其所包含的犹豫度也更适合于定性的语言信息[119]，许多研究参照文献[125]的方法将语言变量转化为统一的直觉模糊数，转化标准详见表 4-3。

表 4-3　语义信息与 IFN 转化表

语义信息	标记	IFN
极好/极高	EG/EH	(0.95, 0.05)
非常好/非常高	VG/VH	(0.85, 0.10)
好/高	G/H	(0.75, 0.15)
较好/较高	MG/MH	(0.65, 0.25)
一般/中等	F/M	(0.50, 0.40)
较差/较低	MP/ML	(0.35, 0.55)
差/低	P/L	(0.25, 0.65)
非常差/非常低	VP/VL	(0.15, 0.80)
极差/极低	EP/EL	(0.05, 0.95)

按照表 4-3 的转化方法，除 EG/EH、EP/EL 对应的 IFN 犹豫度为 0，VG/VH、VP/VL 对应的 IFN 犹豫度为 0.05 外，其余各语义信息对应的 IFN 犹豫度均为 0.1，这种犹豫度差别的设定缺乏可靠依据，并且各专家只要给出相同的语义信息就会转化为相同犹豫度的直觉模糊数，这与实际存在出入，因为属性信息本身的模糊性以及专家的专业背景和对属性的认知差异都会影响专家判断的犹豫度。

考虑到不同专家对各指标评价的犹豫度差别，文献[126]给出了一种新的转化关系，将犹豫度分为"非常弱""弱""一般""强""非常强"5 个等级。实际上，当专家犹豫度达到"强"以上时，其评价的可信度已经很低了。基于评审专家大多有着比较丰富的经验，本书将专家犹豫度分为"很小""小""一般"3 个等级，为符合现有评标习惯，令语义评价粒度 $r=5$，用 $\pi=0.1$，0.2，0.3 依次表示犹豫度的 3 个等级，得到供应商的评价语义信息和对应 IFN 形式如表 4-4 所示。

表 4-4　改进后的语义信息与 IFN 转化表

语义信息	标记	IFN	a、b 的值
好/高	G/H	$(0.9-a\times\pi, 0.1-b\times\pi)$	$a=1$，$b=0$
较好/较高	MG/MH	$(0.7-a\times\pi, 0.3-b\times\pi)$	$a=0.5$，$b=0.5$
一般/中等	F/M	$(0.5-a\times\pi, 0.5-b\times\pi)$	$a=0.5$，$b=0.5$
较差/较低	MP/ML	$(0.3-a\times\pi, 0.7-b\times\pi)$	$a=0.5$，$b=0.5$
差/低	P/L	$(0.1-a\times\pi, 0.9-b\times\pi)$	$a=0$，$b=1$

4.3.4　专家权重的确定方法

在群决策过程中，受信息的模糊性以及专家主观偏好等因素影响，专家给出的评价信息往往具有差异性和不确定性，如果直接将其进行集结很可能会对最终评价结果产生不合理的影响，降低评价结果的可信度。因此，必须要合理确定专家权重。

目前，文献多根据专家个体评价与群体评价之间的一致性（或偏离度）来确定专家权重。如，文献[127]、[128]通过计算专家个体与群体决策结果的灰关联度求得专家的客观权重。文献[129]通过度量各专家判断矩阵与其一致性矩阵的相似度来确定专家权重。文献[130]、[131]提出了基于聚类分析和熵权法的专家权重确定方法，等等。此外，还有学者从专家判断的不确定性角度对专家权重进行研究。文献[132]通过定义直觉模糊熵计算专家判断信息的模糊程度，进而确定了专家的权重。文献[133]、[134]提出了利用犹豫度确定专家权重这两种不同的方法。文献[135]提出了一种仅依靠非犹豫度的精确加权算法，但这种算法的计算复杂度比较高。

笔者认为，专家权重取决于专家个体评价信息在群决策中的可信任程度。专家评价结果是否可信取决于专家评价信息的确定性，以及专家个体与群体评价之间的一致性两个方面。现有研究中单独研究专家评价一致性或不确定性的文献较多，将两者综合起来确定专家权重的研究较少。为此，本书提出一种综合考虑评价信息犹豫度和相似度的专家权重确定方法[136]，用以解决装备招标采购中的供应商选择问题。

1. 考虑评价犹豫度的专家权重

专家评价信息的犹豫度反映了其对对象评价的不确定程度[133]。令专家 D_s 评价结果的整体犹豫度为 π_s，有

$$\pi_s = \sum_{i=1}^{n} \sum_{j=1}^{h} \pi_{ij}^s \qquad (4-9)$$

犹豫度越大，说明专家评价的不确定程度越大，评价结果的可信任度越小，由此得到专家 D_s 的客观权重 λ_s^1。

$$\lambda_s^1 = \frac{\dfrac{1}{\pi_s}}{\sum\limits_{s=1}^{k} \dfrac{1}{\pi_s}} \qquad (4-10)$$

2. 考虑评价相似度的专家权重

各专家受个人认知限制，做出的评价信息往往不尽相同。为避免个人因素对评价结果造成不合理的影响，可通过度量专家直觉模糊评价值的相似度来反映专家个体与群体评价信息的一致性。相似度越大，说明专家个体与群体评价的一致性越强，相应的专家权重也应越大。

为便于度量任意两个专家之间的直觉模糊相似度，首先将专家 D_s 的评价矩阵 $\mathbf{V}_s$ 转化为评价向量 $\tilde{\mathbf{V}}_s$，则 $\tilde{\mathbf{V}}_s = [(\tilde{\mu}_1^s, \tilde{\nu}_1^s), (\tilde{\mu}_2^s, \tilde{\nu}_2^s), \cdots, (\tilde{\mu}_n^s, \tilde{\nu}_n^s)]$，根据公式(4-5)有

$$\tilde{\mu}_i^s = 1 - \prod_{j=1}^{h} (1 - \tilde{\mu}_{ij}^s)^{\omega_j'} \qquad (4-11)$$

$$\tilde{\nu}_i^s = \prod_{j=1}^{h} \tilde{\nu}_{ij}^{s\,\omega_j'} \qquad (4-12)$$

$$\omega_j' = \frac{\omega_j}{\sum\limits_{j=1}^{h} \omega_j} \qquad (4-13)$$

ω_j' 为各定性指标的相对权重，$(\tilde{\mu}_i^s, \tilde{\nu}_i^s)$ 代表专家 D_s 对 A_i 的直觉模糊评价值，则专家群的直觉模糊评价矩阵 $\tilde{\mathbf{V}}$ 表示为

$$\tilde{\mathbf{V}} = \begin{array}{c} \\ D_1 \\ D_2 \\ \vdots \\ D_k \end{array} \begin{array}{cccc} A_1 & A_2 & \cdots & A_n \\ \begin{bmatrix} (\tilde{\mu}_1^1, \tilde{\nu}_1^1) & (\tilde{\mu}_2^1, \tilde{\nu}_2^1) & \cdots & (\tilde{\mu}_n^1, \tilde{\nu}_n^1) \\ (\tilde{\mu}_1^2, \tilde{\nu}_1^2) & (\tilde{\mu}_2^2, \tilde{\nu}_2^2) & \cdots & (\tilde{\mu}_n^2, \tilde{\nu}_n^2) \\ \vdots & \vdots & \ddots & \vdots \\ (\tilde{\mu}_1^k, \tilde{\nu}_1^k) & (\tilde{\mu}_2^k, \tilde{\nu}_2^k) & \cdots & (\tilde{\mu}_n^k, \tilde{\nu}_n^k) \end{bmatrix} \end{array}$$

令任意两个专家 D_p 和 D_l 的直觉模糊评价向量分别为 $\widetilde{\boldsymbol{V}}_p$ 和 $\widetilde{\boldsymbol{V}}_l$，根据定义 4.4，两者之间的直觉模糊相似度可表示为

$$S_{pl} = S(\widetilde{\boldsymbol{V}}_p, \widetilde{\boldsymbol{V}}_l) = 1 - \sqrt{\frac{1}{2n}\sum_{i=1}^{n}\left[(\widetilde{\mu}_i^p - \widetilde{\mu}_i^l)^2 + (\widetilde{\nu}_i^p - \widetilde{\nu}_i^l)^2 + (\widetilde{\pi}_i^p - \widetilde{\pi}_i^l)^2\right]}$$

$$(4-14)$$

S_{pl} 为专家 D_p 与专家 D_l 评价结果的相似程度，且 $S_{pl} = S_{lp}$，由此得到专家之间的相似矩阵为

$$\boldsymbol{S} = [S_{pl}]_{k \times k} = \begin{bmatrix} S_{11} & S_{12} & \cdots & S_{1k} \\ S_{21} & S_{22} & \cdots & S_{2k} \\ \vdots & \vdots & \ddots & \vdots \\ S_{k1} & S_{k2} & \cdots & S_{kk} \end{bmatrix}$$

当 $p = l$ 时，$S_{pl} = 1$。用 R_s 表示专家 D_s 的评价结果与其他专家群体评价的相似度之和，有

$$R_s = \sum_{p=1}^{k} S_{sp} - 1 \qquad (4-15)$$

R_s 越小，说明专家个体与群体评价的一致性越差，该专家赋予的权重应越小，得到专家 D_s 的客观权重 λ_s^2 为

$$\lambda_s^2 = \frac{R_s}{\sum\limits_{s=1}^{k} R_s} \qquad (4-16)$$

3. 专家权重的调整

在分别得到考虑评价犹豫度和相似度的专家权重后，采取线性加权得到专家的综合权重值 λ_s，有

$$\lambda_s = \varepsilon \lambda_s^1 + (1-\varepsilon)\lambda_s^2, \ s = 1, 2, \cdots, k \qquad (4-17)$$

其中，参数 $\varepsilon \in [0,1]$ 反映采购方的主观偏好，当 $\varepsilon > 0.5$ 时表明采购方更重视专家评价信息的确定性程度；当 $\varepsilon < 0.5$ 时表明采购方更重视专家评价信息的一致性程度。

4.3.5　基于混合 GRA - TOPSIS 的装备供应商选择决策模型构建

首先采集各投标供应商的原始评价信息，将各专家主观评价信息与其权重集结得到群评价信息，再与规范化的客观评价信息整合，得到各供应商的综合评价矩阵，最后采用 GRA - TOPSIS 方法对各投标供应商进行排序。供应商选择决策模型如图 4-4 所示。

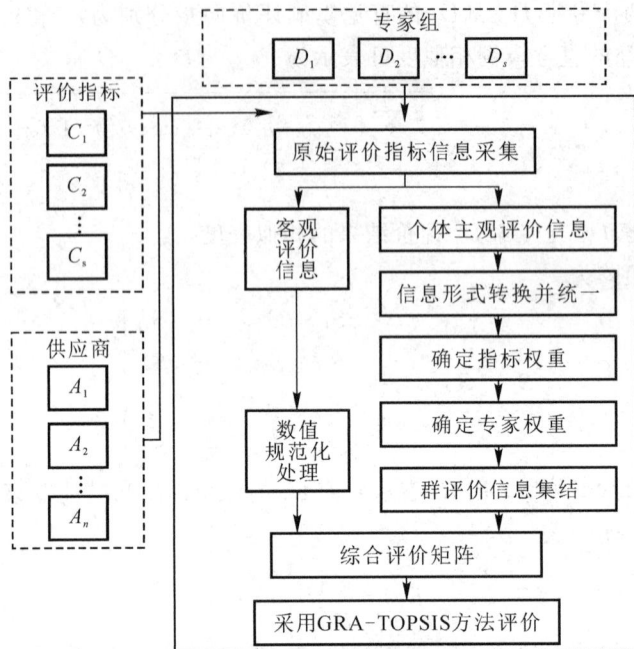

图 4 - 4　供应商选择决策模型

具体决策过程如下：

(1) 规范客观评价数据。为使各指标在整个评价体系中具有可比性，需对客观评价数据进行规范化处理。令原始客观评价数据 a_{ij} 经过规范化后记为 u_{ij}，有

$$u_{ij} = \begin{cases} \dfrac{a_{ij}}{\max\limits_{j} a_{ij}}, & 1 \leqslant i \leqslant n, \ h+1 \leqslant j \leqslant m, \ a_{ij} \in B \\[3mm] \dfrac{\min\limits_{j} a_{ij}}{a_{ij}}, & 1 \leqslant i \leqslant n, \ h+1 \leqslant j \leqslant m, \ a_{ij} \in C \end{cases} \qquad (4-18)$$

经式(4 - 18)规范化后，原始评价指标由成本型数据统一转化为效益型数据，即数值越大越好。

(2) 确定指标权重 ω_j。指标权重作为重要的决策标准，一般通过德尔菲法(Delphi)、层次分析法(AHP)等主观赋权法确定，以体现决策者的偏好。在招标采购中，指标权重作为评标的重要依据，一经确定不宜更改，并且要在招标文件中注明，避免因决策标准不一致而导致决策结果变化，引发投标人质疑投诉。

(3) 建立专家直觉模糊评价矩阵 V_s。专家根据投标文件信息做出语义评价并确定评价的犹豫度等级，根据转化标准(见表 4 - 4)将专家语义评价转化为有犹豫度差异的直觉模糊数，建立专家直觉模糊评价矩阵 V_s。

（4）确定专家权重 λ_s。根据式（4-9）～式（4-16）分别求出考虑评价犹豫度的专家权重 λ_s^1 和考虑评价相似度的专家权重 λ_s^2，并利用式（4-17）进行集成得到专家的综合权重 λ_s。

（5）形成供应商综合评价矩阵 $\textbf{\textit{V}}$。利用式（4-5）将各专家的评价矩阵 $\textbf{\textit{V}}_s$ 与专家权重 λ_s 集结，并与规范化的客观评价信息整合得到综合评价矩阵 $\textbf{\textit{V}}$。

（6）采用 GRA-TOPSIS 方法对投标供应商进行排序择优。根据各投标供应商的综合评价矩阵 $\textbf{\textit{V}}$，确定正理想解 $\textbf{\textit{F}}^+$ 和负理想解 $\textbf{\textit{F}}^-$。利用式（4-2）～式（4-4）计算投标供应商 A_i 与正理想解 $\textbf{\textit{F}}^+$ 的贴近度 c_i，按贴近度 c_i 的大小进行排序选优。

4.3.6　示例分析

某部计划采购一批防刺服，为充分引入竞争，采取公开招标方式。由于涉及保密等原因，下面仅对案例基本情况加以简单介绍，项目招标要求见表4-5。共有6家单位投标，经过资格预审，2家单位资质不符合要求，最终确定4家投标供应商（A_1，A_2，A_3，A_4）。根据各供应商标书中提供的信息得到定量评价信息，如表4-6所示，同时选取技术、经济和业务等领域5名专家（D_1，D_2，D_3，D_4，D_5）对定性指标进行评价，专家根据供应商提供信息和自身专业水平确定评价犹豫度等级，得到各供应商定性指标的原始评价信息，见表4-7。

表 4-5　项目招标要求

装备名称	数量	单位	最高投标限价/万元	交 货 期	交货地点
防刺服	1500	件	226.5	合同签订后90日内	招标人指定地点

资料来源：全军武器装备采购信息网

表 4-6　各供应商的客观评价值

	A_1	A_2	A_3	A_4
C_2/元	1494	1404	1510	1447
C_4/天	80	70	60	60

表 4 - 7　专家组对各供应商的主观语义评价

指标		C_1	C_3	C_5	C_6	C_7	C_8	C_9
D_1	A_1	G^1	MG^1	MG^3	G^2	F^1	F^2	MG^1
	A_2	MG^1	G^1	MG^3	MG^2	MG^1	MG^2	G^1
	A_3	G^1	MG^1	F^3	G^2	MG^1	G^2	MG^1
	A_4	G^1	G^1	G^3	G^2	G^1	G^2	MG^1
D_2	A_1	G^2	MG^2	MG^2	MG^2	F^2	MG^2	MG^1
	A_2	MG^2	G^2	G^2	MG^2	MG^2	F^2	MG^1
	A_3	G^2	G^2	MG^2	G^2	MG^2	MG^2	MG^1
	A_4	G^2	G^2	MG^2	G^2	G^2	G^2	G^1
D_3	A_1	G^2	G^2	G^1	G^2	MG^2	G^1	MG^1
	A_2	G^2	MG^2	G^1	MG^2	MG^2	MG^1	MG^1
	A_3	G^2	G^2	MG^1	MG^2	G^2	MG^1	F^1
	A_4	G^2	G^2	MG^1	MG^2	G^2	G^1	MG^1
D_4	A_1	G^1	MG^1	MG^3	G^2	F^2	MG^1	MG^1
	A_2	G^1	G^1	MG^3	MG^2	MG^2	MG^1	G^1
	A_3	MG^1	G^1	MG^3	G^2	MG^2	G^1	MG^1
	A_4	G^1	MG^1	G^3	G^2	G^2	G^1	MG^1
D_5	A_1	G^1	G^1	F^2	MG^1	F^1	MG^2	MG^1
	A_2	MG^1	G^1	MG^2	MG^1	MG^1	MG^2	G^1
	A_3	G^1	MG^1	MG^2	G^1	MG^1	G^2	F^1
	A_4	MG^1	MG^1	MG^2	MG^1	G^1	G^2	G^1

注：上标 1 代表犹豫度为"很小"，2 代表犹豫度为"小"，3 代表犹豫度为"一般"。

1. 投标供应商排序

具体过程如下：

（1）利用式(4 - 18)对表 4 - 6 中的客观评价数据进行处理以消除量纲的影响，得到规范化后的客观评价矩阵。

（2）根据语义信息转化标准（参见表 4 - 4），将各专家的语义信息转化为有犹豫度差异的直觉模糊数，获取专家 D_s 的直觉模糊评价矩阵 $\boldsymbol{V}_s$，见表 4 - 8。

表 4 - 8　专家组对各供应商的直觉模糊评价

指标		C_1	C_3	C_5	C_6	C_7	C_8	C_9
D_1	A_1	(0.8, 0.1)	(0.65, 0.25)	(0.55, 0.15)	(0.7, 0.1)	(0.45, 0.45)	(0.4, 0.4)	(0.65, 0.25)
	A_2	(0.65, 0.25)	(0.8, 0.1)	(0.55, 0.15)	(0.6, 0.2)	(0.65, 0.25)	(0.6, 0.2)	(0.8, 0.1)
	A_3	(0.8, 0.1)	(0.65, 0.25)	(0.35, 0.35)	(0.7, 0.1)	(0.65, 0.25)	(0.7, 0.1)	(0.65, 0.25)
	A_4	(0.8, 0.1)	(0.8, 0.1)	(0.6, 0.1)	(0.7, 0.1)	(0.8, 0.1)	(0.7, 0.1)	(0.65, 0.25)
D_2	A_1	(0.7, 0.1)	(0.6, 0.2)	(0.6, 0.2)	(0.6, 0.2)	(0.4, 0.4)	(0.6, 0.2)	(0.65, 0.25)
	A_2	(0.6, 0.2)	(0.7, 0.1)	(0.7, 0.1)	(0.6, 0.2)	(0.6, 0.2)	(0.4, 0.4)	(0.65, 0.25)
	A_3	(0.7, 0.1)	(0.7, 0.1)	(0.6, 0.2)	(0.7, 0.1)	(0.6, 0.2)	(0.6, 0.2)	(0.65, 0.25)
	A_4	(0.7, 0.1)	(0.7, 0.1)	(0.6, 0.2)	(0.7, 0.1)	(0.7, 0.1)	(0.7, 0.1)	(0.8, 0.1)
D_3	A_1	(0.7, 0.1)	(0.7, 0.1)	(0.8, 0.1)	(0.7, 0.1)	(0.6, 0.2)	(0.8, 0.1)	(0.65, 0.25)
	A_2	(0.7, 0.1)	(0.6, 0.2)	(0.8, 0.1)	(0.6, 0.2)	(0.6, 0.2)	(0.65, 0.25)	(0.65, 0.25)
	A_3	(0.7, 0.1)	(0.7, 0.1)	(0.65, 0.25)	(0.6, 0.2)	(0.7, 0.1)	(0.65, 0.25)	(0.45, 0.45)
	A_4	(0.7, 0.1)	(0.7, 0.1)	(0.65, 0.25)	(0.6, 0.2)	(0.7, 0.1)	(0.8, 0.1)	(0.65, 0.25)
D_4	A_1	(0.8, 0.1)	(0.65, 0.25)	(0.55, 0.15)	(0.7, 0.1)	(0.4, 0.4)	(0.65, 0.25)	(0.65, 0.25)
	A_2	(0.8, 0.1)	(0.8, 0.1)	(0.55, 0.15)	(0.6, 0.2)	(0.6, 0.2)	(0.65, 0.25)	(0.8, 0.1)
	A_3	(0.65, 0.25)	(0.8, 0.1)	(0.55, 0.15)	(0.7, 0.1)	(0.6, 0.2)	(0.8, 0.1)	(0.65, 0.25)
	A_4	(0.8, 0.1)	(0.65, 0.25)	(0.7, 0.1)	(0.7, 0.1)	(0.7, 0.1)	(0.8, 0.1)	(0.65, 0.25)
D_5	A_1	(0.8, 0.1)	(0.8, 0.1)	(0.4, 0.4)	(0.65, 0.25)	(0.45, 0.45)	(0.6, 0.2)	(0.65, 0.25)
	A_2	(0.65, 0.25)	(0.8, 0.1)	(0.6, 0.2)	(0.65, 0.25)	(0.65, 0.25)	(0.6, 0.2)	(0.8, 0.1)
	A_3	(0.8, 0.1)	(0.65, 0.25)	(0.6, 0.2)	(0.8, 0.1)	(0.65, 0.25)	(0.7, 0.1)	(0.45, 0.45)
	A_4	(0.65, 0.25)	(0.65, 0.25)	(0.6, 0.2)	(0.65, 0.25)	(0.8, 0.1)	(0.7, 0.1)	(0.8, 0.1)

(3) 用 Delphi 法确定指标权重 $\omega = (0.15, 0.15, 0.1, 0.1, 0.2, 0.1, 0.05, 0.05, 0.1)$。

(4) 确定专家权重。首先,计算考虑评价犹豫度的专家权重。根据各专家评价模糊数犹豫度的不同取值,利用式(4-9)和式(4-10)计算出考虑犹豫度的专家权重为

$$\lambda^1 = (0.197, 0.168, 0.197, 0.197, 0.241)$$

然后,计算考虑评价相似度的专家权重。利用式(4-11)~式(4-13)将各专家的评价矩阵 $\boldsymbol{V}_s$ 转化为评价向量 $\tilde{\boldsymbol{v}}_s$,得到专家群的直觉模糊评价矩阵 $\tilde{\boldsymbol{V}}$。

$$\tilde{\boldsymbol{V}} = \begin{array}{c} \\ D_1 \\ D_2 \\ D_3 \\ D_4 \\ D_5 \end{array} \begin{array}{cccc} A_1 & A_2 & A_3 & A_4 \\ \left[\begin{array}{cccc} (0.648, 0.173) & (0.667, 0.164) & (0.641, 0.19) & (0.719, 0.113) \\ (0.618, 0.188) & (0.64, 0.164) & (0.656, 0.15) & (0.692, 0.12) \\ (0.728, 0.118) & (0.695, 0.151) & (0.645, 0.182) & (0.678, 0.158) \\ (0.659, 0.166) & (0.703, 0.137) & (0.655, 0.158) & (0.72, 0.127) \\ (0.649, 0.215) & (0.683, 0.183) & (0.684, 0.176) & (0.679, 0.184) \end{array}\right] \end{array}$$

由式(4-14)~式(4-16)计算出考虑相似度的专家权重为

$$\lambda^2 = (0.202, 0.2, 0.199, 0.201, 0.198)$$

最后,利用式(4-17)计算出专家的综合权重。这里令 $\varepsilon = 0.5$,得到各专家综合权重向量为

$$\boldsymbol{\lambda} = (\lambda_1, \lambda_2, \lambda_3, \lambda_4, \lambda_5) = (0.2, 0.18, 0.2, 0.2, 0.22)$$

(5) 利用式(4-5)将专家评价矩阵与权重集结,得到综合评价矩阵 $\boldsymbol{V}$。

$$\boldsymbol{V} = \begin{array}{c} \\ C_1 \\ C_2 \\ C_3 \\ C_4 \\ C_5 \\ C_6 \\ C_7 \\ C_8 \\ C_9 \end{array} \begin{array}{cccc} A_1 & A_2 & A_3 & A_4 \\ \left[\begin{array}{cccc} (0.77, 0.1) & (0.69, 0.17) & (0.74, 0.12) & (0.74, 0.12) \\ 0.94 & 1 & 0.93 & 0.97 \\ (0.69, 0.16) & (0.75, 0.12) & (0.71, 0.15) & (0.71, 0.15) \\ 0.75 & 0.86 & 1 & 1 \\ (0.6, 0.18) & (0.65, 0.14) & (0.56, 0.22) & (0.63, 0.16) \\ (0.67, 0.14) & (0.61, 0.21) & (0.71, 0.12) & (0.67, 0.14) \\ (0.47, 0.37) & (0.62, 0.22) & (0.64, 0.19) & (0.75, 0.1) \\ (0.63, 0.21) & (0.59, 0.25) & (0.7, 0.14) & (0.75, 0.1) \\ (0.65, 0.25) & (0.75, 0.14) & (0.58, 0.32) & (0.72, 0.17) \end{array}\right] \end{array}$$

根据综合评价矩阵 $\boldsymbol{V}$,构建正理想解 $\boldsymbol{F}^+$ 和负理想解 $\boldsymbol{F}^-$ 为

$$\boldsymbol{F}^+ = [(0.77, 0.1), 1, (0.75, 0.12), 1, (0.65, 0.14), (0.71, 0.12),$$
$$(0.75, 0.1), (0.75, 0.1), (0.75, 0.14)]^{\mathrm{T}}$$

$$\boldsymbol{F}^- = [(0.69, 0.17), 0.93, (0.69, 0.16), 0.75, (0.56, 0.22),$$
$$(0.61, 0.21), (0.47, 0.37), (0.59, 0.25), (0.58, 0.32)]^{\mathrm{T}}$$

由式(4-2)～式(4-4)计算出各供应商评价矩阵与正理想解的贴近度 c_i，取 $\rho=0.5$，有 $\boldsymbol{c}_i=(0.459, 0.528, 0.482, 0.574)$，得到各投标供应商的排序为 $A_4 > A_2 > A_3 > A_1$。

2. 敏感性分析

为验证本方法的稳定性，可设置不同的 ρ 值进行敏感性分析，以观察各供应商的排序变化情况。假定 $\varepsilon=0.5$，ρ 值的变化范围为 $[0.1, 1]$，且每次取值的刻度为 0.1，共进行 10 次实验，具体结果如图 4-5 所示。

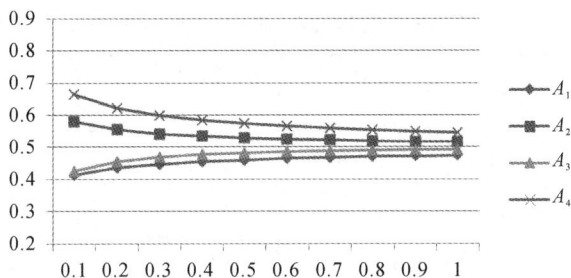

图 4-5　ρ 的敏感性分析

由图 4-5 可知，当 ρ 值变化时，排序结果均为 $A_4 > A_2 > A_3 > A_1$，说明分辨系数 ρ 值的变化对最终的排序结果无影响，采用 GRA-TOPSIS 方法得到的决策结果比较稳定。

3. 对比分析

为说明采用灰关联系数替换距离改进 TOPSIS 方法的合理性，采用传统 TOPSIS 方法重新对距离计算了各方案与正负理想方案的贴近度，并与本方法（假定 $\varepsilon=0.5$，$\rho=0.5$）进行对比，具体过程见表 4-9。

表 4-9　两种方法的排序情况对比

对象	GRA-TOPSIS			TOPSIS		
	$\gamma_i^+(\boldsymbol{A}_i, \boldsymbol{A}^+)$	$\gamma_i^-(\boldsymbol{A}_i, \boldsymbol{A}^-)$	c_i	$d(\boldsymbol{A}_i, \boldsymbol{A}^+)$	$d(\boldsymbol{A}_i, \boldsymbol{A}^-)$	c_i
A_1	0.692	0.815	0.459	0.415	0.135	0.245
A_2	0.805	0.719	0.528	0.272	0.283	0.509
A_3	0.739	0.793	0.482	0.318	0.342	0.518
A_4	0.865	0.642	0.574	0.074	0.443	0.857
排序结果	$A_4 > A_2 > A_3 > A_1$			$A_4 > A_3 > A_2 > A_1$		

通过对比表 4-9 中两种方法计算贴近度的过程及结果可以发现，灰关联度能直观地反映出各对象与正、负理想解的相关性，而距离只能通过差距来描述各对象与正、负理想解的相对接近程度。当某个对象与正、负理想解的距离相近时，得到排序结果的合理性降低，如表 4-9 中的 A_2 和 A_3，显然 A_2 到 F^+ 的距离要小于 A_3 到 F^+ 的距离，但排序结果却是 A_3 优于 A_2，这说明传统 TOPSIS 方法具有一定的缺陷，采用灰关联系数替换距离改进 TOPSIS 方法更为合理。

此外，考虑提出的专家权重确定方法对决策结果的影响，分别令专家权重为等权、只考虑犹豫度的权重、只考虑相似度的权重三种情况，假定 $\rho=0.5$，与上述排序结果进行对比分析，具体决策步骤同上。对比结果见表 4-10。

表 4-10　三种专家权重对各供应商评价结果的影响

对象	各专家等权		仅考虑犹豫度 $(\varepsilon=1)$		仅考虑相似度 $(\varepsilon=0)$		考虑犹豫度和相似度 $(\varepsilon=0.5)$	
	c_i	排序	c_i	排序	c_i	排序	c_i	排序
A_1	0.457	4	0.471	3	0.456	4	0.459	4
A_2	0.530	2	0.528	2	0.531	2	0.528	2
A_3	0.483	3	0.463	4	0.485	3	0.482	3
A_4	0.574	1	0.568	1	0.575	1	0.572	1

由表 4-10 可知，专家权重的不同确定方法会对供应商的排序产生影响，进而影响最终的决策结果。由于参数 $\varepsilon\in[0,1]$ 反映了采购决策者的主观偏好，因此在实际决策过程中，决策者有必要对专家评价的实际情况进行判断，综合分析专家评价信息的不确定性和相似性，以确定 ε 的合理取值，提高评价结果的可信度，为科学决策提供依据。

4.4　基于风险-成本控制的供应商数量选择决策方法

在装备框架协议招标中，军队基于国家安全利益从事装备采购活动，中标供应商按照协议向军队提供适合的装备及服务，军队采购部门与装备供应商之间实际上构成了一个二级供应链结构。由于框架协议招标采购数量大，协议期较长，受外部环境、供应商生产能力、道德风险、维修保障等因素影响，若选择一家中标供应商，可能出现交付延误、质量缺陷、保障迟缓等风险，甚至出现供应链断裂。为降低供应风险，保证供应链正常运转，就要考虑增加供应商的数量，但供应商的增加又会增加管理的复杂性，提高交易成本。因此，如何根据综合评价的排序结果，选择合适的中标供应商数量也是一个重要的决策问题。

4.4.1 单源采购和多源采购的利弊分析

单源采购不同于单一来源采购，前者是指采购方在备选供应商中选择一个供应商，后者是指备选供应商中只存在唯一的供应商[137]。当采购方从多个投标供应商中选择单一供应商时，双方的合作关系稳定且比较紧密，便于生产计划及交货安排的确定，交易成本较低。"交易成本"最早由科斯在研究企业性质时提出，包括在市场上搜索有关的价格信息、为了达成交易进行谈判、签约以及监督合约执行等活动支出的费用[138]。另外，由于单源采购数量大，采购方更易获得较高的价格折扣，从而节约采购费用。但是选择单一供应商会使采购方对供应商的依赖性加强，一旦供应商出现严重供应障碍，就会给采购方带来难以弥补的巨大损失，具有较高的供应风险；并且在供应过程中由于不存在竞争机制，供应商缺乏努力的动力，容易出现偷工减料、以次充好等道德风险问题。此外，在使用过程中当装备出现故障时，单一供应商也无法及时满足不同地域部队的装备维修保障任务，保障效率低下。

多源采购是指采购方在备选供应商中选择两个或两个以上供应商建立供应关系[139]。在多源采购中，采购方拥有更多的主导权，对单个特定供应商的依赖性不强，有利于在供应商之间形成良性竞争。当某个供应商出现供应障碍时，其他供应商一般可以满足采购方的供货需求，供应风险较低。但随着供应商数量的增加，采购方与供应商之间的交易行为会变得更加复杂，协调变得更加困难，交易成本随之增加。此外，同等采购规模下选择多个供应商，必然会降低采购方与每个供应商的交易频率，导致各供应商的实际供货量减少，规模效应下降，供应商给出的价格折扣也会相应减少，实际采购费用上涨。

由此可知，单源采购和多源采购各有利弊[140, 141]（详见表 4 - 11），若从采购总成本的角度考虑，单源采购交易成本低且有利于形成长期稳定的合作关系；从风险规避角度考虑，多源采购比单源采购的风险要小，并且随着供应商数量的增加风险会呈下降趋势。装备是军事实力的重要组成部分，装备的可靠性、保障的时效性要求高，一旦出现供应风险，势必影响部队战斗力生成。与此同时，受国防经费资源限制，装备的采购成本也必须控制在合理的范围之内。因此，必须从控制供应风险和降低采购成本两个方面综合考虑供应商的最优数量问题。

表 4-11　单源采购和多源采购的利弊分析

	单源采购	多源采购		单源采购	多源采购
利	合作关系稳定 交易成本低 易获得高折扣 方便交货安排	避免依赖 供应风险低 机会主义风险低 保障效率较高	弊	容易产生依赖 供应风险高 缺乏竞争机制 机会主义风险高 保障效率低下	交易成本高 价格折扣少 合作关系不稳定

4.4.2　最优中标供应商数量决策模型构建

现有文献通常以成本最小化[142,143]为目的来研究供应商数量选择问题，在考虑供应风险方面，一般是将风险定量化、成本化。例如，文献[144]将供应链断裂时的风险损失成本定义为采购风险成本。文献[145]将供应风险量化为供应中断的财务损失，研究确定和不确定风险概率下交易成本、财务损失与供应商数量的优化关系。文献[146]将企业风险损失量化为供过于求的经济损失和供不应求的缺货惩罚成本，以采购成本、交易成本、风险损失之和最小化为目标，建立供应商数量优化模型等。上述文献大多只考虑了供应中断风险损失，而未考虑供应商机会主义风险对买方造成的影响。不同于企业以盈利为根本目标，装备采购追求的是军事效益最大化，装备供应风险不仅来自供应中断风险，还包括供应商机会主义行为引发的供货延误和质量缺陷等风险，任何一种风险出现都会给军事行动带来严重损失，而且这种军事损失也无法简单地用经济成本来衡量。因此，上述文献的供应商数量优化方法并不能很好地适用于军事供应链中。本节针对装备采购的特殊情况，建立一种供应商数量多目标优化模型，用以解决军事供应链中供应商的数量选择问题。

1. 问题描述与模型假设

设军方选择与 $n(n \geqslant 1)$ 个供应商建立供应关系，预计采购量为 Q/年，则这 n 个供应商可看作军事供应链上的供应系统，其中第 i 个供应商的采购量为 q_i，$i \in \{1, 2, \cdots, n\}$，$\sum_{i=1}^{n} q_i = Q$。为便于分析，在建立供应商数量优化模型之前，首先做如下假设：

（1）该装备市场是买方市场，市场上供应商较多，买方能自主决定供应商数量[147]；

（2）供应商风险偏好均为中性，各供应商之间相互独立且信息非对称，不考虑存在共谋的情况；

（3）各供应商边际成本相同，生产供应能力有限，不考虑年采购量超过供应商总供应能力的情况；

（4）供应商个体是否出现供应风险事件相互独立，不考虑宏观环境（如战争、金融危机等）对整个供应系统造成的供应中断风险；

（5）买方建立及维护与各供应商的关系需发生交易成本，供应链运行成本只考虑购置成本和交易成本，假设供应链中的其他成本与供应商数量的关系可忽略不计。

2. 模型建立

1）供应风险分析

根据风险的来源不同，可以将装备供应风险分为客观供应风险和主观供应风险。客观供应风险是由外部环境导致的、不以供应商主观意志为转移的风险，如不可预期的原材料短缺或者价格上涨导致的供应延迟或中断。主观供应风险是供应商主观故意造成的供应风险，如供应商机会主义行为导致的交付时间延迟、产品质量低下等风险。用 P_n 表示选择 n 个供应商所面临的供应风险概率，则有

$$P_n = P_o(n) + P_s(n) \tag{4-19}$$

其中，$P_o(n)$ 表示客观供应风险概率，$P_s(n)$ 表示主观供应风险概率，主、客观供应风险事件之间相互独立。

（1）客观供应风险。

令 p_{oi} 为第 i 个供应商因客观因素不能按期交付的概率，同等条件下各供应商因客观因素出现延期交付的可能性相等，即 $p_{oi} = p_o$。假设 n 个供应商中至少要有 r 个供应商（$1 \leqslant r \leqslant n$）能够按期交付，否则就会导致整个供应系统延期交货，引起严重后果。这里 r 与供应商自身的生产供应能力及军方采购量有关，若供应商的生产供应能力足够大，则 $r=1$[148]。由此得到整个供应系统的客观供应风险为

$$P_o(n) = \sum_{l=0}^{r-1} C_n^l (1-p_o)^l p_o^{n-l} \tag{4-20}$$

由式（4-20）可知，$P_o(n)$ 随着 n 的增加而减少。当 $n=1$ 时，整个供应系统出现客观供应风险的概率最大。

（2）主观供应风险。

主观供应风险受供应商道德风险的影响。由于供应商数量决定了买方对供应商的依赖程度，供应商越少，买方依赖程度越大，供应商的机会主义倾向越强，对买方造成的损失越大[149]。令 $p_e(n)$ 为供应商道德风险引发的供应风险概率，满足 $p_e(n) \in [0, 1)$。供应商越多，彼此竞争越激烈，道德风险越低，即 $\partial p_e(n)/\partial n < 0$。在不影响分析结果的前提下，不妨令 $p_e(n) = k/n$，其中 $k \in [0, 1)$ 为供应商的道德风险系数。根据假设（2）知各供应商风险偏好均为中性且彼此信息不对称，可认为各供应商风险系数相同，由此得到整个供应系统的主观供应风险为

$$P_s(n) = 1 - \left(1 - \frac{k}{n}\right)^n \qquad (4-21)$$

可以证明，$P_s(n)$ 是关于 n 的减函数。当 $n=1$ 时，买方对供应商的依赖性最强，由于缺乏竞争，此时供应商的主观供应风险最大。综合式（4-20）和式（4-21）可知，整个供应系统的供应风险随着供应商数量的增加而减少。

2）采购成本分析

根据假设（5），采购成本 C_n 由装备购置成本 $C_1(n)$ 和交易成本 $C_2(n)$ 两部分组成，即

$$C_n = C_1(n) + C_2(n) \qquad (4-22)$$

（1）购置成本。

由假设（1）可认为，买方和 n 个供应商组成了该装备的寡头垄断市场。假设需求函数为 $p = a - bQ$，根据古诺模型得到市场均衡价格为[149]

$$p = \frac{a + nc}{n+1} \qquad (4-23)$$

式中，a 为外生变量，表示买方愿意对单位产品支付的最高价格；c 为边际生产成本，即完全竞争市场下的价格。当 $n \to \infty$ 时，$p \to c$，显然有 $a > c$。因此装备的购置成本可表示为

$$C_1(n) = pQ = \frac{a + nc}{n+1} Q \qquad (4-24)$$

由 $\dfrac{\partial C_1(n)}{\partial n} = \dfrac{Q(c-a)}{(n+1)^2} < 0$ 可知，$C_1(n)$ 随着 n 的增加而减少，说明参与竞争的供应商数量越多，越容易获得优惠价格，购置成本越低。

（2）交易成本。

交易成本受多种不确定因素影响，因而很难确定交易成本的表达式。参考国内外研究文献，供应链中交易成本与供应商数量的关系大致如图 4-6 所示[140]。

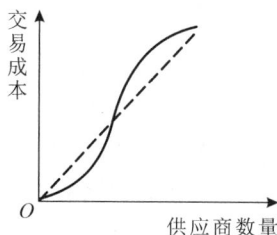

图 4 - 6　供应商数量与交易成本关系示意图

在不影响分析结果的前提下，可将交易成本近似表达为简单线性函数：

$$C_2(n) = F + bn \qquad (4-25)$$

式中，F 为交易成本中的固定成本，与供应商数量无关；b 为单位供应商变动交易成本，显然有 $\dfrac{\partial C_2(n)}{\partial n} = b > 0$。

联立式(4 - 24)、式(4 - 25)得到军方采购成本为

$$C_n = \frac{a+nc}{n+1}Q + F + bn \qquad (4-26)$$

由于 $\dfrac{\partial C_1(n)}{\partial n} = \dfrac{Q(c-a)}{(n+1)^2} < 0$，$\dfrac{\partial C_2(n)}{\partial n} = b > 0$，因此存在一个最优解 n^*，使 C_n 取最优值。

3. 建立多目标优化模型

确定供应商数量要同时考虑供应风险控制和采购成本控制两个方面，以供应风险最小和采购成本最小为目标，建立双目标优化模型。由于供应商生产供应能力有限，招标前军方需先对市场上该类装备供应商的生产供应能力进行调研，确定能够满足每年需求量的最少供应商数量。根据假设(3)，令各供应商的最大供应能力为 q_0，则 $n \geqslant [Q/q_0] + 1$，$[Q/q_0] = \max\{m \in \mathbf{Z} \mid m \leqslant Q/q_0\}$。当 $Q \leqslant q_0$ 时，最少供应商数量为 1，表示各供应商的生产供应能力足够大。得到模型如下：

$$\begin{cases} \min P_n = \displaystyle\sum_{t=0}^{r-1} C_n^l (1-p_t)^l p_t^{n-l} + 1 - \left(1 - \dfrac{k}{n}\right)^n \\[2mm] \min C_n = \dfrac{a+nc}{n+1}Q + F + bn \\[2mm] \text{s. t. } \left[\dfrac{Q}{q_0}\right] + 1 \leqslant n \leqslant N, \ n \in \mathbf{Z} \end{cases} \qquad (4-27)$$

式中，N 为供应商数量的上界。

4. 模型求解

由上述分析可知，供应风险、购置成本随着供应商数量的增加而减少，而交易成本随着供应商数量的增加而增加。因此，只有当 $n^* = N$ 时，式(4-27)的双目标模型才能找到绝对最优解，使得供应风险 P_n 和采购成本 C_n 同时满足最小的条件，但现实中往往难以达到。因此如何兼顾平衡两个目标，是求解该模型的关键。多目标规划的解法通常有约束法[148]、线性加权法[150]等，考虑到式(4-27)中两个目标的数量级相差较大，且装备供应风险造成的损失也不能简单转化为经济成本，因此采用约束法，确定成本控制为主要目标，把风险控制看作次要目标，并给次要目标设置一个上限值 $\overline{P}$，这样就把次要目标转化为约束条件来处理，进而将原模型转化为在约束条件下成本最小的单目标优化模型，即

$$
\begin{cases}
\min C_n = \dfrac{a + nc}{n+1} Q + F + bn \\[2mm]
\text{s. t. } P_n = \sum_{l=0}^{r-1} C_n^l (1 - p_t)^l p_t^{n-l} + 1 - \left(1 - \dfrac{k}{n}\right)^n \leqslant \overline{P} \\[2mm]
\left[\dfrac{Q}{q_0}\right] + 1 \leqslant n \leqslant N, \ n \in \mathbf{Z}
\end{cases}
\tag{4-28}
$$

该模型是一个带有约束的非线性整数规划模型，在给定相关参数的情况下，可以通过 MATLAB 软件求得供应商数量的最优解。

4.4.3 数值模拟

仍以防刺服采购为例，采购部门从 4 家供应商中选择合作供应商，因此供应商数量上界 $N=4$。预计年采购量 Q 为 1500 件，经市场调研了解到供应商的最大供应能力 $q_0 = 1800$ 台/年，由 $Q < q_0$ 得到 $r = 1$，故 $n \in \{1, 2, 3, 4\}$。

假设因客观原因导致的延迟交货概率 $p_t = 0.1$，随着供应商数量增加，供应商道德风险 k 与供应风险 P_n 的关系如图 4-7 所示。

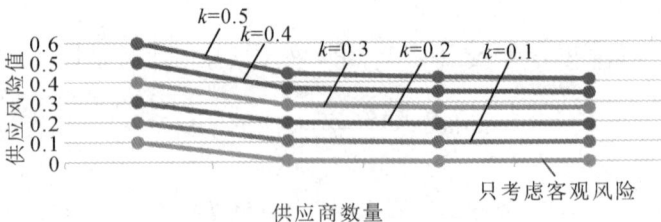

图 4-7　供应商道德风险与供应风险的关系

从图 4 - 7 可以看出，随着供应商数量的增加，供应风险值逐渐趋近于 0，影响供应风险的主要因素在于供应商道德风险水平，且随着道德风险系数 k 增加，供应风险值逐渐增大。由此可知，在与供应商合作时，采购方必须进行质量抽查和跟踪检查，通过严格的监督机制，尽量降低供应商出现道德风险的倾向。

以供应商道德风险系数 $k = 0.1$ 为例，给定不同的供应风险上限 $\overline{P}$，求解式（4 - 28）的最优供应商数量。假设采购方固定交易成本 $F = 3 \times 10^4$，$a = 1510$，$c = 1396$，$b = 1.5 \times 10^4$，单位为元，得到的计算结果见表 4 - 12。表中，C_m 为给定风险上限条件下的最低采购成本，n_c 为成本最低的供应商数量，P_c 为成本最低时对应的供应风险。

表 4 - 12　不同的供应风险条件下的计算结果

$\overline{P}$	C_m/万元	P_c	n_c
0.30	221.1	0.20	2
0.25	221.1	0.20	2
0.20	221.1	0.20	2
0.15	221.1	0.1075	2
0.10	221.175	0.0977	3

由表 4 - 12 可知，当 $\overline{P} > 0.1$ 时，最优供应商数为 2，此时对应的采购成本最低，为 221.1 万元；当 $\overline{P} \leqslant 0.10$ 时，最优供应商数为 3，对应的采购成本为 221.175 万元。因此，本例中无法找到同时满足采购成本和供应风险最小的绝对最优解，采购方可结合实际需要选择合适的相对最优解。

为分析单位供应商变动交易成本与供应商最优数量的关系，分别取 $b = 0.5 \times 10^4$，$b = 1 \times 10^4$，$b = 1.5 \times 10^4$ 和 $b = 2 \times 10^4$，其他参数取值不变，在不同的供应风险上限 $\overline{P}$ 条件下，得到变动交易成本对供应商最优数量的影响，如图 4 - 8 所示。

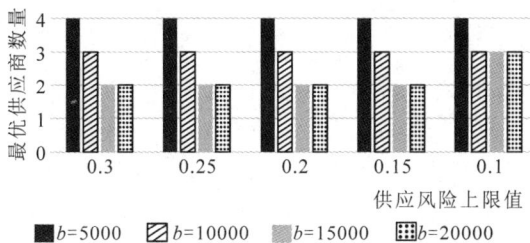

图 4 - 8　变动交易成本对供应商最优数量的影响

　　从图 4-8 可以看出，当供应风险上限 $\overline{P}$ 固定时，随着单位供应商变动交易成本 b 增大，最优供应商数量呈下降趋势，说明 n^* 对 b 的变化较为敏感。由此可知，供应商数量越多，变动交易成本越大，供应商之间的协调越困难；当单位供应商变动交易成本较大时，减少供应商的数量有利于采购方的统一管理和供应链的正常运转。

　　综上分析，采购方在进行决策前，必须首先进行市场调研，了解装备生产供应商的数量规模、产能情况及企业信誉，摸清价格规律，并根据以往采购经验充分论证增加供应商的变动交易成本。通过对供应商道德风险水平、增加供应商的变动交易成本以及能够接受的供应风险水平进行全面分析，来确定最佳的供应商数量，以提高装备的采购效益。

第 5 章　框架协议招标的定价机制与份额分配

框架协议招标协议的期限较长、中标人数可不唯一，采购方应根据具体需求选择合适的中标供应商及采购数量。当选择唯一中标人，即单源采购时，装备定价即为中标人的投标报价，价格确定且唯一，该中标人获得协议期内的全部订单，不涉及采购份额的分配问题；当选择多个中标人，即多源采购时，由于各供应商从自身利益最大化的角度采取不同的报价策略，价格往往不一致。在此情况下，如何制定合适的定价机制，如何合理分配各供应商的采购份额，达到既能适应军队采购要求、又能实现供应商激励相容的目的，是值得研究的重要问题。本章首先对投标供应商进行博弈分析，研究框架协议招标模式下的装备价格形成机制，然后运用多属性拍卖理论构造采购拍卖模型，对多源采购下的定价机制与采购份额分配问题展开具体研究。

5.1　框架协议招标模式下的装备价格形成机制

在装备市场中，除了少数生产工艺复杂、专业化程度高、保密要求严的装备采用单一来源方式采购外，大部分装备的生产厂商都不止一家，对于市场上生产主体较多的装备，军方通常采取招标的方式进行采购。框架协议招标作为一种特殊的招标模式，遵循招标公开透明、公平竞争的特点，存在供应商之间的竞争与博弈。本节通过分析投标供应商之间的竞争博弈，研究框架协议招标模式下的装备价格形成机制。

5.1.1　博弈模型假设

假定某型装备市场竞争充分，军方采取招标的方式进行装备采购，军方的目标是采购质优价廉、性价比高的装备，即供应商提供的产品质量和服务有保证，能够满足部队需求，价格越低越好。

为便于讨论，首先作以下假设：

（1）每个供应商都是理性的，都以自身利益最大化为目标。

（2）各供应商之间相互独立且信息非对称。由于招标采取一次报价、密封投标、统一开标的操作程序，各供应商提交的价格、技术及商务标的都属于私人信息，各博弈方无法知道其他供应商的策略选择，只能根据以往经验大致判断，并且各博弈方的行动选择可以认为是同时进行的。

（3）每个供应商有两种策略可供选择：诚实和隐瞒。供应商越诚实，采购方掌握的信息就越真实可信，采购的性价比就越高，但同时供应商的利润空间就会缩小。因此，每个供应商都有隐瞒部分情况以获取高利润的动机，但又担心其他供应商会选择诚实策略，而使自己丧失中标机会。

5.1.2　模型构建与分析

首先分析供应商数量 $n=2$ 的情况。假定 A、B 两家供应商的资质、生产水平相同，建立两个博弈方的博弈模型。

假设供应商 A 选择诚实而中标的净利润为 R_1，供应商 B 选择诚实而中标的净利润为 R_2；A 选择隐瞒而中标的净利润为 U_1，B 选择隐瞒而中标的净利润为 U_1。显然，有 $R_1 < U_1$，$R_2 < U_2$。当两家同时选择诚实，则任何一家中标的概率都是 0.5，获益分别为 $0.5R_1$ 和 $0.5R_2$；如果 A 选择诚实，B 选择隐瞒，B 就没有中标的概率，获益只能为 0，A 的获益为 R_1；同样，如果 A 选择隐瞒，B 选择诚实，A 就没有中标的概率，获益只能为 0，B 的获益为 R_2；如果两者都选择隐瞒，则任何一家中标的概率都是 0.5，获益分别为 $0.5U_1$ 和 $0.5U_2$。二者之间的收益矩阵见表 5-1。

表 5-1　两供应商之间的收益矩阵

		供应商 B	
		诚实	隐瞒
供应商 A	诚实	$0.5R_1$，$0.5R_2$	R_1，0
	隐瞒	0，R_2	$0.5U_1$，$0.5U_2$

因为两家供应商都无法知晓对方的选择信息，只能靠经验进行推测。从供应商 A 角度分析，若供应商 B 选择诚实，那么 A 的占优策略为诚实；若供应商 B 选择隐瞒，当 $0.5U_1 < R_1$ 时，A 的占优策略仍为诚实。同理，对于供应商 B 而言，只要满足 $0.5U_2 < R_2$，无论 A 如何选择，B 都会选择诚实。由此可知，除非供应商选择隐瞒获得的净利润为诚实利润的 2 倍以上，且对另一供应商的情况比较了解，供应商才会"赌一把"而选择隐瞒；否则，从理性角度考虑，供应商会选择诚实。由于供应商之间相互独立，通过分析两个供应商的博弈情况，可以推广至 n 个供应商，且供应商数量越多，各供应商推测竞争对手策略

选择的难度越大，从而选择诚实的概率越大，而这正是采购方所希望的。

下面进一步对供应商报价与供应商数量和其他供应商报价之间的关系进行分析。令供应商 i 提供物品的实际价值为 v，那么供应商越诚实，其报价就越接近实际价值，即报价会越低。不妨假设各供应商的技术和服务水平相差不大，影响供应商中标的主要条件是价格，这样就可以将供应商对诚实度的策略选择转化为对价格的选择。设供应商 i 报价为 b，b 为 v 的严格递增可微函数，由于博弈是对称的，只需考虑对称的均衡出价策略：$b=b(v)$。给定 v 和 b，则供应商 i 的期望收益函数为[151]

$$E_i = (b-v) \prod_{j \neq i} P(b < b_j) \tag{5-1}$$

其中，$b-v$ 是供应商 i 中标的净收益；b_j 是供应商 $j(j \neq i)$ 的报价策略；$P(\cdot)$ 代表供应商 i 中标的概率，即 b 小于 b_j 的概率。令军方的最高限价为 b_h，各供应商报价在 $[0, b_h]$ 间随机分布，则

$$P(b < b_j) = \frac{b_j - b}{b_h} \tag{5-2}$$

即

$$E_i = (b-v) \left(\frac{b_j - b}{b_h} \right)^{n-1} \tag{5-3}$$

最优化的一阶条件为

$$\left(\frac{b_j - b}{b_h} \right)^{n-1} + (b-v)(n-1) \left(\frac{b_j - b}{b_h} \right)^{n-2} \left(-\frac{1}{b_h} \right) = 0$$

解得

$$b^*(v) = v + \frac{b_j - v}{n} \tag{5-4}$$

结果显示，供应商 i 的出价与供应商的数量和其预测的其他供应商的报价都有关系。由式 $(5-4)$ 可知，b^* 随 n 的增大而减小，特别地，当 $n \to \infty$ 时，$b^* \to v$。也就是说，竞争供应商数量越多，各供应商的报价越低，采购方得到的装备价格越低；当供应商数量为无穷多个时，供应商的利润趋近于 0。同时，b^* 也随其预测的其他供应商的报价变动，如果预测其他供应商的报价 b_j 偏小，自己报价也会降低，如果预测 b_j 偏大，自己的报价也会升高。

通过博弈分析可以得出结论：在供应商之间信息不对称的情况下，装备价格的形成是市场竞争的结果。采取招标方式采购装备时，符合条件的供应商数量较多，彼此竞争较为激烈，促使供应商显示自身的真实信息，自发降低报价，使装备采购价格降低，最终装备的成交价格取决于中标供应商的投标报价。当中标人唯一时，成交价格即为中标人报价；当中标人不唯一时，需要根据多个中标人的投标报价选择合理的定价机制，下文将运用多属性拍卖理论，针对多中标人的装备定价问题展开研究。

5.2　多属性拍卖理论

框架协议招标采购作为一种特殊的招标采购模式，以买方为主体，投标人向招标方递交密封的投标书，买方根据技术、价格、服务等多方因素综合选择中标人，其实质上属于多属性逆向密封拍卖。

5.2.1　相关概念

1. 多属性逆向密封拍卖的定义

拍卖（Auction）是商业活动中的一种买卖方式。E. Wolfstetter 将拍卖定义为"一种投标机制，即根据拍卖规则来决定谁是赢家及支付价格"[152]。从广义上理解，拍卖是市场参与者根据报价按照一系列规则决定资源的分配和价格的一种市场机制，其最基本的功能包括资源定价和资源分配[153]。一次拍卖是由拍卖主体、拍卖客体、拍卖规则和投标性质等多方面特性构成的。

多属性逆向拍卖是传统拍卖的拓展，是指拍卖中不仅要考虑标的价格，还要考虑其他非价格属性，并且以买方为主，卖方自由竞标的一种拍卖模式[154]。多属性逆向密封拍卖是指采购方除了考虑商品价格外，还要考虑质量、交货期、服务等非价格属性，供应商在多个属性上进行竞争，并且各供应商只能提交一次密封的属性配置标的，不能多轮投标，由采购方对供应商提交的标的进行综合评价，遴选出中标人。当中标人数量较多时，多属性逆向密封拍卖进一步拓展为多属性多中标人逆向密封拍卖，即多属性多源招标采购。

2. 多属性逆向密封拍卖的特点

相比于传统拍卖，多属性逆向密封拍卖具有以下三个特点[41]：

（1）具有明确的评分规则。在多属性逆向密封拍卖中，采购方对标的物的属性要求是多方面的，需要制定详细的评分规则来反映己方的属性偏好，并在招标之初面向所有潜在供应商公布，供应商依据评分规则确定自己的竞标方案。

（2）应用范围更广。传统拍卖仅围绕价格进行竞争，而多属性逆向密封拍卖不仅满足了采购方的多样化需求，而且能够促使投标人充分发挥自身的竞争优势，有利于实现供需双方"双赢"的目的。

（3）决策过程更复杂。多属性逆向密封拍卖中，采购方除了关注价格外，还对其他属性比较关注，如质量、性能和交货期等，拍卖双方需要就多个属性问题进行反复沟通，决策过程更加复杂。

3. 多属性逆向密封拍卖流程

首先由拍卖人公布拍卖规则，然后供应商根据拍卖规则递交自己的密封标的，最后拍卖人根据综合评分公布供应商排名。多属性逆向密封拍卖的一般流程如图 5 - 1 所示[41]。

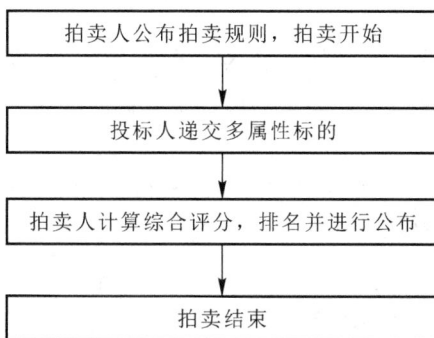

图 5 - 1　多属性逆向密封拍卖的一般流程图

5.2.2　多属性拍卖模型

在多属性拍卖的研究中，Y. K. Che、F. Branco 和 E. David 三位学者的拍卖模型最具有代表性，为多属性拍卖理论的发展作出了突出贡献。1993 年，Y. K. Che[31]针对政府采购供应链中的采购需要，率先提出了二维逆向多属性拍卖模型，对多属性拍卖理论具有里程碑的意义。该模型的局限性在于拍卖模型中只包含价格、质量二维属性，不符合客观现实。1997 年，F. Branco 在 Y. K. Che 研究的基础上，首次提出了两阶段多属性最优拍卖机制，但这种关联模型增加了拍卖双方在策略分析上的复杂度和计算难度[32]。2006 年，E. David 将多属性拍卖从 Y. K. Che 的二维拍卖拓展到 n 维拍卖，定义了投标人的成本函数和效用函数、拍卖人的效用函数和评分函数，并对投标人的最优投标策略、拍卖人的最优机制进行了详细分析[155]。可以说，多属性拍卖模型发展到 E. David 这一研究阶段才真正成熟起来。后续又有许多学者对 E. David 的理论模型进行拓展和改进[156,157]，但研究大都是基于中标人唯一的情况设计拍卖机制，当采购规模较大、中标人数为多个时，拍卖机制的设计不能只考虑中标人的评选机制，还必须考虑各中标人采购量的分配问题。

5.3　基于拍卖理论的多源采购定价机制与份额分配

当中标人数较多时，各供应商根据自身属性配置标的及预期利润制定报价策略，价格往往不一致，需针对采购物品的价格进行进一步的协商，采取合适的定价机制，并据此对各中标人的采购份额进行分配。采购份额分配是供应链管理中的重要组成部分，受到物品价格、供货质量、供货能力、售后服务等多属性的制约。如何根据供应商提供的属性配置标的合理分配采购份额，是装备采购中亟须解决的一个重要决策问题。本节在 E. David 多属性拍卖模型的基础上，构造多源采购拍卖模型，针对框架协议招标采购中多中标人的装备定价和份额分配问题进行具体研究。

5.3.1　问题描述

假设军方需要采购一批装备，总需求量为 Q，市场上存在 n 个潜在供应商（$n \geqslant 3$），由于采购数量较大，经市场调研分析后计划从众多供应商中选择 $d(d \geqslant 2)$ 个进行合作，军方根据该装备的多个属性进行综合考虑。运用多属性拍卖理论，可以将上述问题抽象出对应的数学模型[156]：

$$M = (B, I, P, A, S, U_b, U_s, W, X)$$

其中：B 是采购拍卖中唯一的采购方，即军方。军方根据自己的需求来制定评分规则，从潜在供应商中选出 $d(d \geqslant 2)$ 个为自己提供装备；I 是潜在供应商，即投标人集合，记为 $I = (1, 2, \cdots, n)$；P 是价格属性集合，记为 $P = (p_1, p_2, \cdots, p_n)$，表示各供应商的报价；$A$ 是质量属性空间，考虑 m 个质量属性 $q_1, q_2, \cdots, q_m$（本章中的质量属性均理解为广义质量概念），如交货期、售后服务等也看作质量属性；S 是评分规则，采购方通过评分规则遴选出中标人，这里采用混合 GRA - TOPSIS 法作为评分规则对供应商进行遴选；U_b、U_s 分别为采购方和供应商的效用函数；W 为中标状态集合，供应商 i 的最终竞标状态记为 w_i：$w_i = 1$ 表示供应商 i 为中标者，否则 $w_i = 0$，且 $\sum_{i=1}^{n} w_i = d$；X 是供应商的采购份额集合，记为 $X = (x_1, x_2, \cdots, x_n)$，则供应商 i 的最终采购量为 $x_i Q$，且 $x_i \in [0, 1)$。

5.3.2　模型假设

模型假设如下：

（1）采购方和供应商都是以追求期望效用最大化为目标，且都为风险中性，彼此信息不对称，对拍卖物各个属性的效用相互独立；

（2）采购方和供应商都是完全理性的，能够合理判断各种情况并做出对自己最有利的决策；

（3）采购方的效用在质量属性 q_j 上递增，边际效用递减，供应商的成本 C_{si} 在质量属性 q_j 递增，边际成本非递减，即对任意质量属性 $q_j(j=1, 2, \cdots, m)$，满足 $\dfrac{\partial U_b}{\partial q_j}>0$，$\dfrac{\partial^2 U_b}{\partial^2 q_j}<0$，$\dfrac{\partial C_{si}}{\partial q_j}>0$，$\dfrac{\partial^2 C_{si}}{\partial^2 q_j}\geqslant0$。当存在与上述情况不符的情形时，如质量属性交货时间增加时，采购方效用递减。针对这种情况，令 $q_j=\dfrac{1}{q_{j0}}$ 替代原有质量属性 q_{j0}，以满足上述假设。假设模型中用到的数据都已经过处理。

5.3.3　模型构建

根据上述假设条件，参考 E. David 多属性拍卖模型[155]构造供应商的成本函数、效用函数，采购方的价值函数、效用函数。

定义 5.1　假设供应商 $i(i\in n)$ 的成本函数对质量属性是可加的，定义单位数量的物品成本为 c_i，有

$$c_i = \sum_{j=1}^{m} a_{ij}q_{ij}^{k_{ij}} \tag{5-5}$$

其中，q_{ij} 为供应商 i 第 j 个质量属性的值；a_{ij} 为供应商 i 第 j 个质量属性的成本系数，反映了供应商的能力水平，且 $a_{ij}>0$，a_{ij} 越大，提高质量属性值的成本越高；k_{ij} 为供应商 i 赋予质量属性 j 的指数，满足 $k_{ij}\geqslant1$，表示供应商对质量属性的边际成本是非递减的。

采购份额为 x_i 的供应商 i 提供的物品总成本可表示为

$$C_{si}(x_i, q_{i1}, q_{i2}, \cdots, q_{im}) = x_i Q \sum_{j=1}^{m} a_{ij}q_{ij}^{k_{ij}} \tag{5-6}$$

基于上述成本函数 $C_{si}(x_i, q_{i1}, q_{i2}, \cdots, q_{im})$，单位物品报价为 p_i 的供应商 i 的效用函数为

$$U_{si}(x_i, q_{i1}, q_{i2}, \cdots, q_{im}) = w_i x_i Q\left(p_i - \sum_{j=1}^{m} a_{ij}q_{ij}^{k_{ij}}\right) \tag{5-7}$$

n 个供应商的总效用可表示为

$$U_s = \sum_{i=1}^{n} w_i x_i Q\left(p_i - \sum_{j=1}^{m} a_{ij}q_{ij}^{k_{ij}}\right) \tag{5-8}$$

定义 5.2　假设采购方的价值函数对质量属性是可加的，定义单位数量的物品的价值定义为 v_{sj}，有

$$v_{sj} = \sum_{j=1}^{m} W_j q_{ij}^{t_j} \tag{5-9}$$

其中，W_j 为采购方赋予质量属性 j 的权重，且 $W_j>0$，表示采购方对不同质量属性的偏好；t_j 为采购方赋予质量属性 j 的指数，且 $0<t_j<1$，表示质量属性边际效用递减的特性。

采购份额为 x_i 的供应商 i 提供的物品总价值可表示为

$$V_{si}(x_i, q_{i1}, q_{i2}, \cdots, q_{im}) = x_i Q \sum_{j=1}^{m} W_j q_{ij}^{t_j} \tag{5-10}$$

基于上述价值函数 $V_{si}(x_i, q_{i1}, q_{i2}, \cdots, q_{im})$，采购方从各供应商递交的属性值获得的总效用为

$$U_b = \sum_{i=1}^{n} w_i x_i Q \left[\sum_{j=1}^{m} W_j q_{ij}^{t_j} - p_i \right] \tag{5-11}$$

由此可知，在供应商 i 提交的其他属性值不变的情况下，采购方的效用随着供应商 i 报价的增加而减少，随着属性 $A_j(j=1, 2, \cdots, m)$ 的值 q_{ij} 的增大而增大[158]。

在框架协议招标采购中，军方利用国家财政资金从供应商处采购装备，与供应商之间形成了供应链关系。为了维护供需双方在协议期内相对稳定的合作关系，实现双方的互利共赢和共同发展，军方在采购中不仅要考虑国防经费的利用效率，还要兼顾社会资源的有效利用。因此，军方不能仅以自身效用最大化为采购目标，而必须从整个供应链角度、从社会福利最大化的角度进行采购决策。本节以社会福利最大化为目标，设计多中标人的定价机制，并计算每个中标人所分配的采购份额。

在多属性多源采购决策中，军方首先公布对所采购装备的基本要求，然后 n 个供应商向采购商提交属性值集合 $(p_i, q_{i1}, q_{i2}, \cdots, q_{im})$，$i=1, 2, \cdots, n$。已知社会福利包括两部分，即采购方总效用和供应商总效用。由式(5-8)和式(5-11)，得到目标函数为

$$\max U = \lambda U_b + (1-\lambda) U_s \tag{5-12}$$

其中，$\lambda \in [0, 1]$ 表示采购方效用在社会总效用中的权重，反映了军方对自身利益的重视程度。$\lambda>0.5$ 表明军方更重视自身利益，$\lambda<0.5$ 表明军方更重视供应商利益。在实践过程中，当供应商为国家重点扶持的民营企业时，军方对

其利益重视程度可偏高一些，而对于实力雄厚的强势资源拥有者的利益重视程度可偏低一些。

　　在实际决策中，还应进一步考虑其他条件的约束，这些约束条件统一记成 $X \in \Phi$，例如：

　　（1）军方为了实现自身利益，同时规避风险，一般会将价格属性限定在一个范围内，即 $L \leqslant p_i \leqslant H$，其中 H 为采购方规定的最高限价，L 为最低合理报价，防止出现恶性低价抢标行为。

　　（2）军方为了满足自身需求，会对供应商的质量属性提出具体要求，如产品质量合格率、交货时间、售后服务响应等，供应商递交的质量属性不能低于军方的最低要求。

　　（3）军方要保证每一家中标的供应商均可获得生产订单，且订单量不能超过供应商的产能范围。

　　于是得到供应商采购份额分配的优化决策模型 M_1：

$$\max U = \lambda \sum_{i=1}^{n} w_i x_i Q \left(\sum_{j=1}^{m} W_j q_{ij}^{t_j} - p_i \right) + (1-\lambda) \sum_{i=1}^{n} w_i x_i Q \left(p_i - \sum_{j=1}^{m} a_{ij} q_{ij}^{k_{ij}} \right)$$

$$\text{s. t.} \begin{cases} \sum_{i=1}^{n} x_i = 1 \\ \sum_{i=1}^{n} w_i = d \\ 0 \leqslant x_i < 1 \\ U_b \geqslant 0 \\ U_s \geqslant 0 \\ X \in \Phi \end{cases} \quad (5-13)$$

　　当所有供应商都提交属性标的后，p_i、q_{ij} 都是已知数；Q、d、W_j、t_j 及约束条件 $X \in \Phi$ 是军方给定的；a_{ij}、k_{ij} 是供应商给定的。因此，模型 M_1 的目标函数为一个线性函数，且约束条件也为线性函数，只要给定 λ，就可以求得供应商的最优采购份额分配向量 $\boldsymbol{X} = (x_1, x_2, \cdots, x_n)$。

5.3.4　不同定价机制下的采购份额分配决策模型

　　由于各中标人报价不同，对军方而言，采购装备最终成交价格可采取歧视性价格和统一价格两种定价机制。下面分别针对两种定价机制下的采购份额分配问题进行研究。

1. 基于歧视性价格的份额分配决策模型

歧视性价格是按照中标人各自投标报价来确定各供应商供给装备的成交价格。这种定价机制最大程度地尊重了供应商各自的意愿，但可能面临军方上级部门"同装不同价"的责难问题，而且后期财务结算程序比较麻烦，容易引发审计监察风险。当军方采取歧视性价格机制时，模型 M_1 的价格参数 p_i 即为各供应商的投标报价，此时 M_1 描述的就是一个基于歧视性价格的采购份额优化决策模型。

2. 基于统一价格的份额分配决策模型

统一价格定价机制是指按照中标人提交的质量属性配置标的，采购方以统一价格的方式与各供应商进行支付。这种定价机制解决了"同装不同价"的问题，简化了财务结算程序，但统一价格的确定需要与各中标人进行协商，可能会损害部分中标人的利益。此外，当统一价格低于中标人能接受的最低价格时，会导致中标人拒绝合作或者降低质量属性配置，增加质量风险。

假设采购方依据供应商 i 提交的属性值集合 $(p_i, q_{i1}, q_{i2}, \cdots, q_{im})$ 以统一价格 p 来分配采购份额。事先假定 $p \in [L, H]$，在实际决策中，取 $L = \min\limits_i p_i$，$H = \max\limits_i p_i$。在此规则下，可将优化模型 M_1 的价格参数由歧视性价格 p_i 变成统一价格 p，于是得到基于统一价格的优化模型 M_2：

$$\max U = \lambda \sum_{i=1}^n x_i Q\left(\sum_{j=1}^m W_j q_{ij}^{t_j} - p \right) + (1-\lambda) \sum_{i=1}^n x_i Q\left(p - \sum_{j=1}^m a_{ij} q_{ij}^{k_j} \right)$$

$$\text{s.t.} \begin{cases} \sum\limits_{i=1}^n x_i = 1 \\ \sum\limits_{i=1}^n w_i = d \\ \min\limits_i p_i \leqslant p \leqslant \max\limits_i p_i \\ 0 \leqslant x_i < 1 \\ U_b \geqslant 0 \\ U_s \geqslant 0 \\ X \in \Phi \end{cases} \tag{5-14}$$

在 M_2 存在可行解的前提下，通过求解 M_2 可得供应商的最优采购份额分配向量 $\boldsymbol{X}=(x_1, x_2, \cdots, x_n)$。

定理 5.1　对于基于统一价格的优化模型 M_2，设所有供应商提交的价格属性的最大值和最小值分别为 $H=\max\limits_i p_i$ 和 $L=\min\limits_i p_i$，有如下结论[41]：

(1) 当 $\lambda<0.5$ 时，统一价格为 $p^*=H=\max\limits_i p_i$；

(2) 当 $\lambda>0.5$ 时，统一价格为 $p^*=L=\min\limits_i p_i$。

证明　M_2 的目标函数为

$$U=\lambda \sum_{i=1}^n w_i x_i Q\left(\sum_{j=1}^m W_j q_{ij}^{t_j}-p\right)+(1-\lambda)\sum_{i=1}^n w_i x_i Q\left(p-\sum_{j=1}^m a_{ij}q_{ij}^{k_{ij}}\right)$$

$$=\sum_{i=1}^n w_i x_i Q\left(\lambda \sum_{j=1}^m W_j q_{ij}^{t_j}-(1-\lambda)\sum_{j=1}^m a_{ij}q_{ij}^{k_{ij}}\right)+\sum_{i=1}^n p(1-2\lambda)w_i x_i Q$$

令

$$U(q_1, q_2, \cdots, q_m)=\sum_{i=1}^n w_i x_i Q\left[\lambda \sum_{j=1}^m W_j q_{ij}^{t_j}-(1-\lambda)\sum_{j=1}^m a_{ij}q_{ij}^{k_{ij}}\right]$$

$$U(p)=\sum_{i=1}^n p(1-2\lambda)w_i x_i Q$$

则 U 由 $U(q_1, q_2, \cdots, q_m)$ 和 $U(p)$ 两部分组成。其中，$U(q_1, q_2, \cdots, q_m)$ 表示来自物品质量属性的社会总效用，$U(p)$ 表示来自物品价格的社会总效用。已知供应商会选择使自己效用最大化的统一价格，下面分两种情况进行讨论：

(1) 当 $1-2\lambda>0$，即 $\lambda<0.5$ 时，$U(p)$ 是统一价格 p 的增函数，当 p 取最大值时，$U(p)$ 的值也最大，当质量属性不变时，社会总效用 U 将实现最大化，因为 $p\in[L, H]$，$L=\min\limits_i p_i$，$H=\max\limits_i p_i$，所以最优的统一价格 $p^*=H=\max\limits_i p_i$；

(2) 当 $1-2\lambda<0$，即 $\lambda>0.5$ 时，$U(p)$ 是统一价格 p 的减函数，当 p 取最小值时，$U(p)$ 的值最大，当质量属性不变时，社会总效用 U 将实现最大化，同样因为 $p\in[L, H]$，$L=\min\limits_i p_i$，$H=\max\limits_i p_i$，所以最优的统一价格 $p^*=L=\min\limits_i p_i$。

从定理 5.1 的结论可以看出，当采购方对自身和供应商利益的重视程度不同时，装备的统一价格也不同。因此在实际决策中，采购方必须采取合理的定价机制，引导供应商在符合市场规律的前提下理性报价，从而更好地实现采购方和供应商的利益"双赢"和社会福利的最大化[158]。

5.3.5　不同定价机制下的竞价流程

在框架协议招标采购中，当采购方采取歧视性价格定价时，中标人最终都按照自己的意愿进行交易，竞价流程相对简单，即按照多属性逆向密封拍卖的一般流程进行（如图 5-1 所示）。

当采购方采取统一价格定价时，不管供应商的报价是多少，最后都以统一价格进行支付，初中标人将面临是否能接受统一价格的问题，采购方需要就价格问题与初中标人进行协商，其竞价流程如图 5-2 所示。

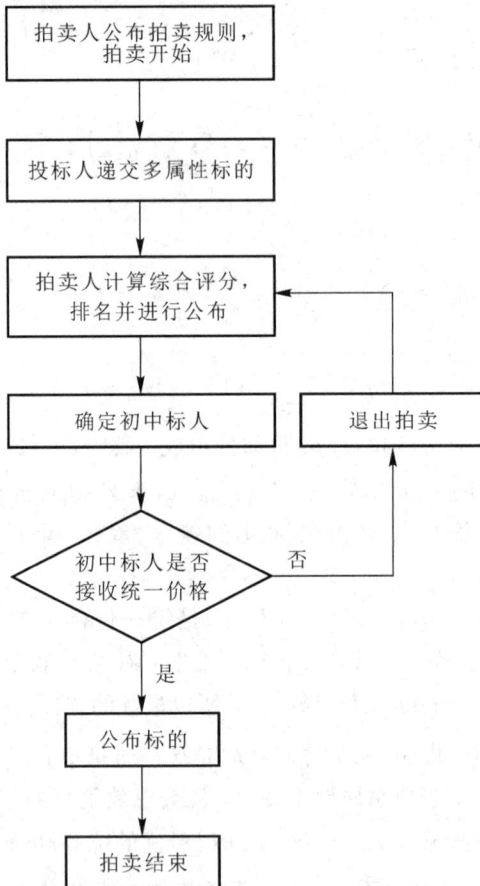

图 5-2　统一定价机制下的多属性密封拍卖流程图

5.3.6　示例分析

本节以部队采购某新型军用头盔为例，预计总采购量 Q 为 40 万件，分别采取歧视性价格和统一价格两种定价机制计算中标供应商的采购份额，分析两种定价机制的适用条件。

已知经过招投标确定了 3 家中标供应商($d=3$)，供应商 $i(i=1,2,3)$ 提交属性集为(p_i，q_{i1}，q_{i2}，q_{i3})，其中，p_i 表示装备报价，单位为元/个；q_{i1} 表示供货质量，用该中标供应商以往业绩中的产品合格率反映，单位为百分比；q_{i2} 表示供货时间，用该中标供应商以往业绩中的产品准时交付率反映，单位为百分比；q_{i3} 表示售后服务，用服务响应时间反映，单位为工作小时。其他约束条件相关参数及符号说明见表 5-2，各供应商的属性值及产能约束见表 5-3。

表 5-2　相关参数及符号说明

参数	含　义
l_i	军方分配给供应商 i 的最低采购份额
h_i	军方分配给供应商 i 的最高采购份额
C_i	供应商 i 所能提供装备的最大数量

表 5-3　供应商的属性值及最大产能

供应商	p_i	q_{i1}	q_{i2}	$q_{i3}/10^{-3}$	C_i/万个
1	262	97	98	100	30
2	277	99	97	125	35
3	285	98	99	125	42

注：当服务影响时间 q_{i3} 增加时，采购方的效用是递减的，表中 q_{i3} 属性值已根据假设(3)进行了处理。

1. 模型求解

已知 3 家中标供应商提交的属性配置均满足军方的最低要求，且军方在招标文件中承诺各中标供应商的最低采购份额为 20%。

（1）若采用基于歧视性价格的优化决策模型 M_1，需求解线性规划如下：

$$\max U = \lambda \sum_{i=1}^{3} x_i Q \left(\sum_{j=1}^{3} W_j q_{ij}^{t_j} - p_i \right) + (1-\lambda) \sum_{i=1}^{3} x_i Q \left(p_i - \sum_{j=1}^{3} a_{ij} q_{ij}^{k_{ij}} \right)$$

$$\text{s. t. } \sum_{i=1}^{3} x_i = 1 \qquad\qquad (5-15)$$

$$20\% \leqslant x_i \leqslant 100\%, \, i=1, 2, 3 \qquad (5-16)$$

$$\sum_{j=1}^{3} W_j q_{ij}^{t_j} - p_i \geqslant 0 \qquad\qquad (5-17)$$

$$p_i - \sum_{j=1}^{3} a_{ij} q_{ij}^{k_{ij}} \geqslant 0 \qquad\qquad (5-18)$$

$$40 x_1 \leqslant 30 \qquad\qquad (5-19)$$

$$40 x_2 \leqslant 35 \qquad\qquad (5-20)$$

$$40 x_3 \leqslant 42 \qquad\qquad (5-21)$$

其中，式（5-15）表示采购量分配约束，式（5-16）表示供应商采购比例约束，式（5-17）～式（5-18）表示军方和供应商效用非负约束；式（5-19）～式（5-21）表示供应产能约束。

由于各供应商的成本属于私人信息，从军方角度不妨认为各供应商是相互独立的，假设供应商具有相同的成本结构，故各供应商具有相同的成本系数 a_{ij} 和指数 k_{ij}，本例中取 $k_{ij}=1$。根据军方对各质量属性值的不同偏好以及效用非负约束，取 $t_j=0.5$，$W_1=15$，$W_2=5$，$W_3=10$，$a_{i1}=1.2$，$a_{i2}=0.6$，$a_{i3}=0.6$。

将各属性值和参数值代入 M_1 模型中，取 $\lambda=0.6$，求解得到最优解为

$$\boldsymbol{X} = (x_1, x_2, x_3) = (0.6, 0.2, 0.2)$$

即采购份额分配为供应商 1 占 60%，供应商 2 占 20%，供应商 3 占 20%，此时军方获得的总效用 $U_b = 1.304 \times 10^7$，供应商获得的总效用 $U_s = 1.1072 \times 10^7$，社会总福利 $U = 1.22528 \times 10^7$。

（2）若采用基于统一价格的优化决策模型 M_2，需求解线性规划如下：

$$\max U = \lambda \sum_{i=1}^{3} x_i Q \left(\sum_{j=1}^{3} W_j q_{ij}^{t_j} - p \right) + (1-\lambda) \sum_{i=1}^{3} x_i Q \left(p - \sum_{j=1}^{3} a_{ij} q_{ij}^{k_{ij}} \right)$$

$$
\text{s. t.} \begin{cases}
\sum_{i=1}^{3} x_i = 1 \\[2mm]
20\% \leqslant x_i \leqslant 100\%, \ i = 1, 2, 3 \\[2mm]
\sum_{j=1}^{3} W_j q_{ij}^{k_{ij}} - p_i \geqslant 0 \\[2mm]
p_i - \sum_{j=1}^{3} a_{ij} q_{ij}^{k_{ij}} \geqslant 0 \\[2mm]
40x_1 \leqslant 30 \\[1mm]
40x_2 \leqslant 35 \\[1mm]
40x_3 \leqslant 42 \\[1mm]
262 \leqslant p \leqslant 285
\end{cases}
\tag{5-22}
$$

相比 M_1 模型，M_2 模型的约束条件中增加了价格约束。由定理 5.1 可知，当 $\lambda > 0.5$ 时，统一价格为 $p^* = L = \min\limits_i p_i$。因此取 $\lambda = 0.6$ 时，$p = 262$，将各质量属性值和参数值代入 M_2 中，求解得到最优解为 $\boldsymbol{X} = (x_1, x_2, x_3) = (0.2, 0.6, 0.2)$，即采购份额分配为供应商 1 占 20%，供应商 2 占 60%，供应商 3 占 20%，此时军方获得的总效用 $U_b = 1.8224 \times 10^7$，供应商获得的总效用 $U_s = 0.5344 \times 10^7$，社会总福利 $U = 1.3072 \times 10^7$。

综上分析可知，采取不同的定价机制时，各供应商的最优采购份额会发生变化。

2. 对比分析

其他参数保持不变，仅对反映军方利益偏好的 λ 值进行调整，以 0.1 为间隔，依次取 $\lambda = 0, 0.1, 0.2, \cdots, 0.9, 1$，得到歧视性价格机制和统一价格机制下的供应商采购份额分配变化，如图 5-3 所示，军方和供应商总效用以及社会总福利变化如图 5-4 所示。

由图 5-3、图 5-4 可知，军方对自身利益的重视程度会对采购份额的分配、军方和供应商总效用以及社会总福利产生影响。本例中，在歧视性价格机制下，社会总福利随 λ 取值增加呈先下降后上升的趋势；在统一价格机制下，社会总福利随 λ 取值增加呈上升趋势。

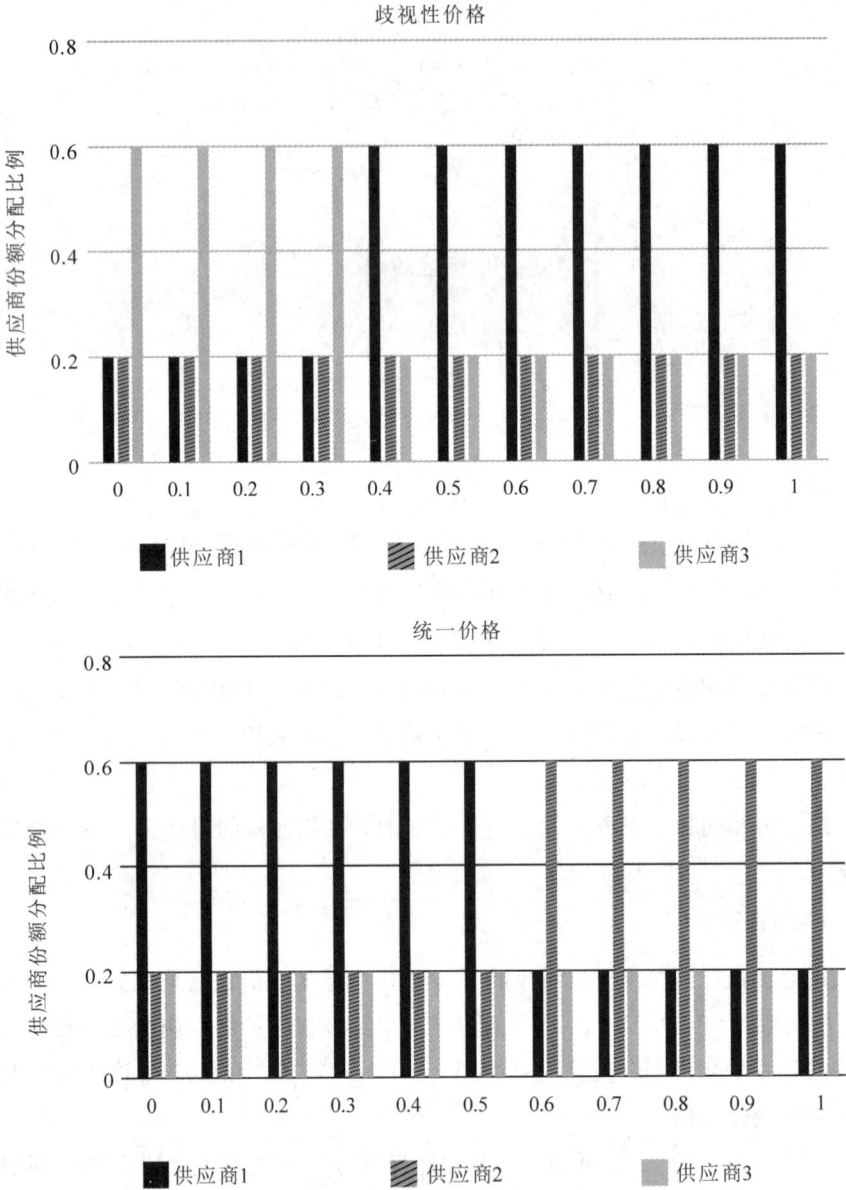

歧视性价格

统一价格

图 5-3　供应商采购份额与 λ 的关系

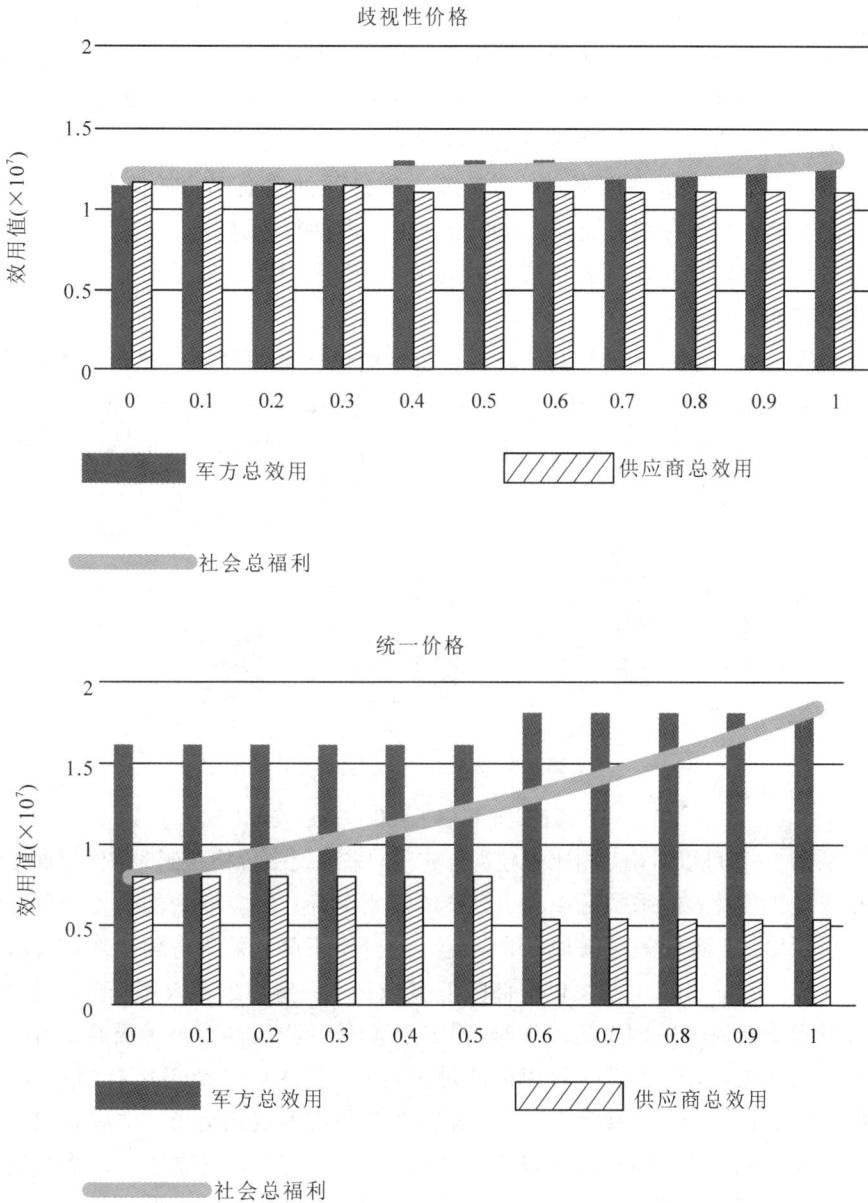

歧视性价格

效用值(×10⁷)

| 0 | 0.1 | 0.2 | 0.3 | 0.4 | 0.5 | 0.6 | 0.7 | 0.8 | 0.9 | 1 |

军方总效用　　　　　　供应商总效用

社会总福利

统一价格

效用值(×10⁷)

| 0 | 0.1 | 0.2 | 0.3 | 0.4 | 0.5 | 0.6 | 0.7 | 0.8 | 0.9 | 1 |

军方总效用　　　　　　供应商总效用

社会总福利

图 5-4　总效用与 λ 的关系

对比两种价格机制下各方效用水平发现，采用统一价格机制时，军方的总效用更大；采取歧视性价格机制时，供应商的总效用更大。当 $\lambda \geqslant 0.5$ 时，统一定价下的社会总福利要优于歧视性定价下的社会总福利。因此在本例中，当军方更重视自身利益时，采取统一价格机制的决策更优，且取 $\lambda = 1$ 时，社会总福利最大，此时最优的采购份额分配比例 $\boldsymbol{X} = (x_1, x_2, x_3) = (0.2, 0.6, 0.2)$。

由于采取统一价格机制时，高于统一价格的供应商不得不降低其成交价格，有可能导致自身利益受损，从而影响供应商的行为选择。下面通过对歧视性价格和统一价格机制下各供应商的效用水平进行计算，来分析统一价格机制对供应商的影响。

仍以 $\lambda = 0.6$ 为例，已知基于歧视性价格的最优采购份额分配比例 $\boldsymbol{X} = (x_1, x_2, x_3) = (0.6, 0.2, 0.2)$，基于统一价格的最优采购份额分配比例 $\boldsymbol{X} = (x_1, x_2, x_3) = (0.2, 0.6, 0.2)$，计算各供应商的效用值得到效用变化对比，如图 5-5 所示。

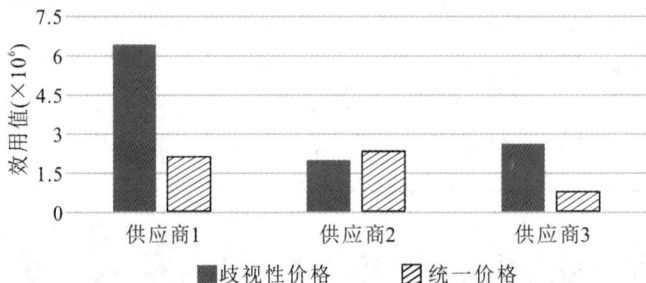

图 5-5　两种定价机制下各供应商的效用对比

从图 5-5 可以看出，相比于歧视性定价，采取统一价格机制时，供应商 1 的价格未发生变化，但采购份额减少，导致效用下降；供应商 2 的价格下降，但采购份额增加，致使效用增加；供应商 3 的价格下降，采购份额不变，效用下降，但仍大于 0。由此可知，供应商降低报价并不一定导致其效用降低，当供应商降低报价能使其采购份额增加时，供应商降价的积极性会大大提高。当降价导致效用降低，但降价后的效用仍满足为正时，说明供应商仍然有利润空间，此时供应商往往会选择接受降价；如果降价后供应商效用为负，供应商就会选择退出或者私自降低供应标准以弥补其利益损失。因此，采取统一价格机制可能会增加供应商效用，也可能降低供应商效用。当降价导致供应商效用降低时，供应商可能会存在一定的供货质量风险，需引起军方关注。当军方评估风险概率较大，并且不具备合适的候补供应商时，采取歧视性价格机制其实更能够满足各方利益诉求，有利于实现合作的长期稳定和互利共赢。

　　通过示例分析可知，两种定价机制各有利弊，在实际应用中，军方应根据决策的具体环境和最终目标选择合适的定价机制。需要注意的是，采取不同定价机制时，各中标供应商获得的采购份额会有所区别。在本例中，由于各供应商的质量属性差异较小，因此当采取歧视性价格定价时，报价较低的供应商获得的采购份额最多；当采取统一价格定价时，采购份额的分配则取决于各供应商质量属性上的竞争。由于框架协议招标采购的协议期较长，通过两种定价机制确定的采购份额都只是招标阶段的初始分配方案，在协议期间，军方可根据各供应商的合作表现和供货情况对分配方案进行调整，从而降低供应商低价竞争的风险。

第 6 章　框架协议招标的供应商动态管理

　　供应商经过投标竞争获得中标资格，与军队形成了较为稳定的框架协议合作关系，这导致在一段时期内，协议供应商没有来自外部的竞争压力，缺乏改善供货条件的动力，出现竞争失效现象[159]。为防止协议供应商产生懈怠，出现机会主义风险，就需要对供应商进行动态管理。本章首先对协议期间供需双方进行博弈分析，奠定供应商动态管理的理论基础；然后构建协议供应商绩效评价体系，根据绩效表现对供应商实施动态管理，以促进供应商之间的持续竞争，提高装备采购的综合效益。

6.1　供需双方的博弈分析

　　在框架协议招标采购中，军方对供应商的技术水平、生产成本以及努力程度等情况不完全了解，供需双方存在着一定的信息不对称。由于框架协议双方的合作时间较长，供应商过去行动的历史是可以观测到的，在这种情况下，军方和供应商之间的博弈关系就变为一种特殊的动态博弈——重复博弈，其中的每次博弈称为阶段博弈，军方可以根据供应商过去的行动历史，选择自己在某个阶段的博弈策略[160]。

6.1.1　"理性经济人"假设

　　博弈分析建立在"理性经济人"的前提假设上。该假设最早由亚当·斯密提出，他认为人的行为动机源于经济诱因，人都要争取最大的经济利益[161]。对利益的追求，成为推动军方和供应商构成供需关系的动因。在装备采购过程中，军方追求的利益是效费比的最大化，供应商追求的利益是企业利润的最大化。

6.1.2　基于有限理性的演化博弈分析

　　目前，大多数博弈分析都是在买卖双方完全理性的假设下进行的，但现实中买卖双方往往是有限理性的，很难一次就做出最优选择。基于此，本节对有限理性假设下军方和供应商之间的博弈行为进行分析[162]。

1. 博弈模型假设与支付矩阵

假设在装备采购中，军方和供应商之间需要经过多次博弈，他们会在多次博弈中不断修正、调整自己的策略选择，直至做出最优决策[163]。

假设采购双方会根据对方的策略选择是否合作，双方的策略集分别为 S_j（合作，不合作）和 S_q（合作，不合作）。如果双方都采取合作策略，即军方按照协议向供应商采购一定数量的装备，供应商提供相应质量的产品及服务，则双方分别获得收益 π_j、π_q；如果都采取不合作策略，双方获得收益为 0；如果军方采取不合作策略，违背协议约定不向该供应商采购装备，而供应商采取合作策略，则双方将分别获得收益 0、$-C_q$（C_q 是供应商的生产成本，这里视为沉没成本）；若军方采取合作策略，供应商采取不合作策略，在履行协议过程中出现道德风险，提供劣质装备或服务，则军方将损失利益 C_j，供应商获得机会主义收益 $\Delta\pi$，但会受到违约惩罚而损失预期收益 F。这里，假设 π_j、π_q、C_j、C_q 为定值，且当双方中只有一方选择不合作时，选择合作的那一方收益总为负。由此建立双方支付矩阵，详见表 6-1。

表 6-1 军方与供应商的支付矩阵

		供应商 B	
		合作	不合作
军方 A	合作	π_j，π_q	π_j-C_j，$\pi_q+\Delta\pi-F$
	不合作	0，$-C_q$	0，0

2. 模型求解

令军方选择"合作"的概率为 x，选择"不合作"的概率为 $1-x$；与之相对应，供应商选择"合作"的概率为 y，选择"不合作"的概率为 $1-y$。

军方采取"合作"和"不合作"的收益（$E(x)$ 和 $E(1-x)$）以及期望收益（Ex）分别为

$$E(x)=y\pi_j+(1-y)(\pi_j-C_j) \tag{6-1}$$

$$E(1-x)=0 \tag{6-2}$$

$$Ex=xE(x)+(1-x)E(1-x)=xyC_j+x(\pi_j-C_j) \tag{6-3}$$

供应商采取"合作"和"不合作"的收益（$E(y)$ 和 $E(1-y)$）以及期望收益

(Ey)分别为

$$E(y)=x\pi_q-(1-x)C_q \tag{6-4}$$

$$E(1-y)=x(\pi_q+\Delta\pi-F) \tag{6-5}$$

$$Ey=yE(y)+(1-y)E(1-y)$$
$$=xy(C_q-\Delta\pi+F)-yC_q+x(\pi_q+\Delta\pi-F) \tag{6-6}$$

利用演化博弈模型的复制动态方程[164]，得到军方和供应商的复制动态方程：

$$F(x)=x(1-x)(yC_j+\pi_j-C_j) \tag{6-7}$$

$$H(y)=y(1-y)(xC_q-x\Delta\pi+xF-C_q) \tag{6-8}$$

$F(x)$和$H(y)$描述了该博弈的动态演化轨迹。令$F(x)=0$，得到$x=0$，$x=1$和$y=\dfrac{C_j-\pi_j}{C_j}$；令$H(y)=0$，得到$y=0$，$y=1$和$x=\dfrac{C_q}{C_q+F-\Delta\pi}$。从而该博弈系统有五个均衡点，分别是：$O(0,0)$，$B(1,0)$，$A(0,1)$，$C(1,1)$以及$D\left(\dfrac{C_q}{C_q+F-\Delta\pi},\dfrac{C_j-\pi_j}{C_j}\right)$。

根据 D. Fridman 的方法[165]，分析军方和供应商博弈系统的稳定性，可得其雅克比(Jacobian)矩阵为

$$\boldsymbol{J}=\begin{bmatrix}\dfrac{\partial F(x)}{\partial x} & \dfrac{\partial F(x)}{\partial y} \\[2mm] \dfrac{\partial H(x)}{\partial x} & \dfrac{\partial H(y)}{\partial y}\end{bmatrix}$$

$$=\begin{bmatrix}(1-2x)(yC_j+\pi_j-C_j) & x(1-x)C_j \\ y(1-y)(C_q-\Delta\pi+F) & (1-2y)(xC_q-x\Delta\pi+xF-C_q)\end{bmatrix}$$

雅克比矩阵的行列式为

$$\det\boldsymbol{J}=(1-2x)(1-2y)(xC_q-x\Delta\pi+xF-C_q)(yC_j+\pi_j-C_j)-$$
$$x(1-x)y(1-y)(C_q-\Delta\pi+F)C_j \tag{6-9}$$

雅克比矩阵的迹为

$$\mathrm{tra}\boldsymbol{J}=(1-2x)(yC_j+\pi_j-C_j)+(1-2y)(xC_q-x\Delta\pi+xF-C_q) \tag{6-10}$$

当均衡点使得 $\det\boldsymbol{J}>0$ 且 $\mathrm{tra}\boldsymbol{J}<0$ 时，均衡点处于局部稳定状态。已知当供应商选择不合作、军方选择合作时，军方的利益为负，因此 $\pi_j-C_j<0$，且 $-C_q<0$。由 $\det\boldsymbol{J}$ 和 $\mathrm{tra}\boldsymbol{J}$ 的行列式可知，其取值取决于 $F-\Delta\pi$ 的正负情况。在此分如下两种情况讨论：

（1）当 $F-\Delta\pi>0$，即惩罚预期收益损失大于供应商机会主义行为获得的利益时，系统稳定状态见表 6-2。

表 6-2　均衡点稳定性分析(一)

均衡点	行列式的符号	迹的符号	均衡点的稳定性
$(x=0, y=0)$	＋	－	稳定(ESS)
$(x=1, y=0)$	＋	＋	不稳定
$(x=0, y=1)$	＋	＋	不稳定
$(x=1, y=1)$	＋	－	稳定(ESS)
$(x=x^*, y=y^*)$		0	不稳定

（2）当 $F-\Delta\pi<0$，即惩罚预期收益损失小于供应商机会主义行为获得的利益时，系统稳定状态见表 6-3。

表 6-3　均衡点稳定性分析(二)

均衡点	行列式的符号	迹的符号	均衡点的稳定性
$(x=0, y=0)$	＋	－	稳定(ESS)
$(x=1, y=0)$	－	不确定	鞍点
$(x=0, y=1)$	＋	＋	不稳定
$(x=1, y=1)$	－	不确定	鞍点

　　通过上述分析可以看出，系统是否稳定均衡取决于供应商采取机会主义行为的收益与惩罚预期收益损失的大小关系。当惩罚预期收益损失小于供应商机会主义行为获得的利益时(情况(2))，整个系统只有唯一均衡点 O，即军方和供应商最终都会选择不合作策略；而只有当惩罚预期收益损失大于供应商机会主义行为获得的利益时(情况(1))，才会出现双方合作的可能。

　　下面运用动态演化相图(见图 6-1)，分析系统收敛于稳定均衡点的变化趋势。图 6-1 中，折线 ADB 是博弈系统收敛于不同状态的临界线。在 ADB 上方($ACBD$ 部分)，博弈系统将收敛于(合作，合作)；在 ADB 下方($AOBD$ 部分)，博弈系统将收敛于(不合作，不合作)。

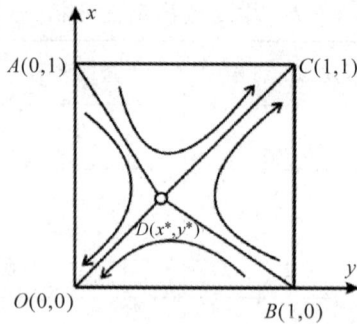

图 6-1　军方与供应商行为的动态演化

通过 $AOBD$ 的面积可描述长期均衡策略的概率，具体表示如下：

$$S = \frac{1}{2}(x^* + y^*) = \frac{1}{2}\left(\frac{C_q}{C_q + F - \Delta\pi} + \frac{C_j - \pi_j}{C_j}\right) \quad (6-11)$$

3. 均衡策略影响因素分析

由式(6-11)可知，影响 S 的因素包括军方收益 π_j、军方损失 C_j、供应商投入成本 C_q、供应商惩罚预期收益损失 F、供应商机会主义收益 $\Delta\pi$。

在其他条件不变的情况下，S 分别对 F、$\Delta\pi$ 求导：

$$\frac{\partial S}{\partial F} = -\frac{C_q}{2\,(C_q + F - \Delta\pi)^2} < 0 \quad (6-12)$$

$$\frac{\partial S}{\partial \Delta\pi} = \frac{C_q}{2\,(C_q + F - \Delta\pi)^2} > 0 \quad (6-13)$$

由式(6-12)可知，区域 $AOBD$ 的面积 S 是供应商惩罚预期收益损失 F 的减函数，这表明供应商的未来预期收益越大，惩罚代价越高，系统将沿着 DC 路径向合作方向演化的概率越大。这表明，如果供应商忠实履行合同，军方就会选择继续合作使其获得长期收益；否则，供应商就要受到严厉惩罚，并失去与军方再次合作的机会。若这种预期收益越高、惩罚代价越大，供应商越倾向于选择合作。

由式(6-13)可知，区域 $AOBD$ 的面积 S 是供应商机会主义收益 $\Delta\pi$ 的增函数，这表明供应商机会主义收益越大，系统将沿着 DO 路径向不合作方向演化的概率越大。这表明，如果供应商获得的机会主义收益越大，则在利益驱使下，供应商越可能出现道德风险，故选择不合作。

根据上述分析可知，与传统模式的一事一招标相比，框架协议招标反映了一种更长远的信任关系。为避免供应商出现机会主义行为，实现激励相容，军方可通过定期的绩效评价对供应商进行监督，根据绩效表现对供应商实施奖惩措施。一方面，通过奖励提高供应商未来预期收益，如延长合作期限、增加采购份额等，从而提高其合作的积极性；另一方面，惩罚代价要大于供应商机会主义收益，一旦军方观测到供应商努力程度降低就会提出警告甚至取消供应商资格，使其畏于巨大的惩罚代价而自觉履约。

6.2　协议供应商绩效评价指标体系构建

供应商绩效评价是采用特定的指标体系，根据统一的评价标准，按照一定的程序，通过定性定量分析，对供应商一定时间内的合作表现做出客观、公正、准确的综合评判[166]。通过绩效评价，不仅能确保供应商的供货质量，还便于在多个协议供应商之间进行比较，选择优秀的供应商继续合作，淘汰绩效差的供应商，从而促进协议供应商之间的持续竞争。

6.2.1　绩效评价指标的选取原则

协议供应商绩效评价指标的选取，除了遵循全面性、重要性和可操作性等普适性原则外，还应根据特定的评价对象、目的和时期，使指标具有代表性和可比性[166]。

第一，代表性原则。协议供应商的绩效评价是建立在供需双方合作了一段时间的基础上进行的，供应商和军方经过一段时间的适应和磨合，彼此加深了了解，合作关系趋于稳定，这个阶段军方评价供应商绩效的目标是实施监督，通过评价反馈促使供应商保持或提高供货水平。因此，在指标选取上，应突出该阶段的特点，选择能够综合反映供应商绩效水平的、有代表性的指标，对于价格、技术等前期已经在合同中明确的指标，在本阶段可不再重复评价，从而提高了工作效率。

第二，可比性原则。绩效评价不仅包括对供应商某一时间段内的静态评价，还应包括对供应商未来发展变化的动态评价。因此，在指标选取上，既要能够实现同一时期不同供应商之间的横向比较，也要能够实现同一供应商在不同时期的纵向比较。为保持评价的相对稳定性，可选取特定标杆值进行对比分析。

6.2.2　评价指标体系的建立

在协议期间，供应商的工作包括交付产品、提供服务、与军方沟通协商等，下面从产品质量、交付情况、售后服务和信息沟通 4 个维度对供应商绩效水平进行分析。

1. 产品质量

产品的质量状况是军方最为关注的问题，可通过产品合格率和产品故障率两个指标进行衡量，计算公式如下：

$$产品合格率 = \frac{该时期内合格产品数量}{一定时期内的产品总供货量} \quad (6-14)$$

$$产品故障率 = \frac{该时期内出现故障产品数量}{一定时期内的产品总供货量} \quad (6-15)$$

产品量合格率越低，产品故障率越高，说明供应商提供的装备质量越差。

2. 交付情况

交付情况主要评价供应商满足订单交货的质量和能力，可通过订单完成率和准时交货率两个指标进行衡量，计算公式如下：

$$订单完成率 = \frac{一定时期内实际送达的订货数量}{总订货量} \quad (6-16)$$

$$准时交货率 = \frac{一定时期内准时交货的次数}{总交货次数} \quad (6-17)$$

交付情况越好，表明该供应商能满足军方的需求并且按时完成订单，军方的缺货损失就越少。

3. 售后服务

军方对供应商售后服务水平的评价主要通过服务响应时间和用户满意度两个指标进行衡量。服务响应时间是供应商从接到故障维修通知到做出明确答复、进行实质维修活动的时间间隔。服务响应时间反映了供应商的服务效率。用户满意度体现了部队用户对供应商服务态度、维修周期、维修频率、维修后质量水平等方面的总体满意程度。响应越及时，维修周期越短、频率越低，反映出供应商的服务质量越高。

4. 信息沟通

由于框架协议招标采购的协议期限较长，供需双方之间必然会进行频繁的、长期的信息交流与互动。因此，信息的传递和沟通是否顺畅，会对双方合作产生直接的影响。时效性是信息传递的首要条件，如果供应商能及时将缺货等关键信息传递给军方，军方就能尽早争取时间补救，将损失降到最低。另外，供应商提供的信息越准确，就越能避免不必要的错误，从而减少工作量，提高合作效率。因此，信息沟通可通过信息的时效性和准确性两个指标进行评价。

综上所述，可以得到协议供应商绩效评价指标体系，如图 6-2 所示。

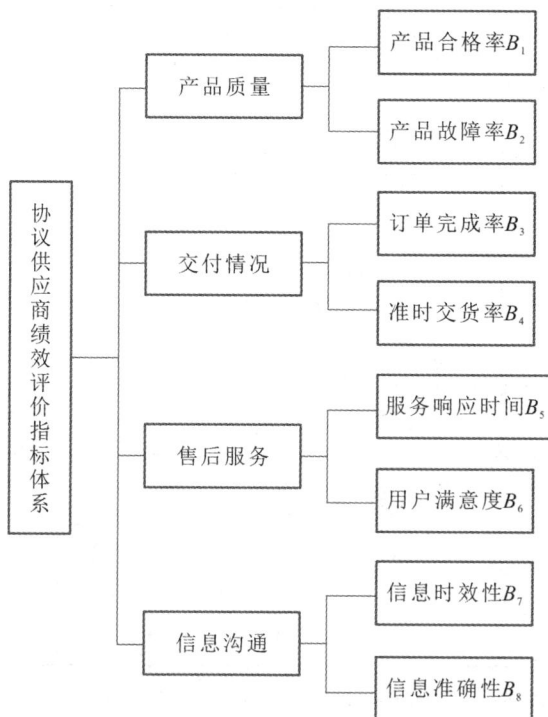

图 6-2　协议供应商绩效评价指标体系

　　笔者邀请了 10 名长期从事装备采购合同管理的专家和业务人员对指标的合理性进行评判。评价指标的 CVR 值如图 6-3 所示，得到各项评价指标 CVR≥0.6，且其中 75 % 的指标 CVR＝1，说明本书构建的评价指标体系具有较高的效度，能够较好地反映测量对象的主要特征。

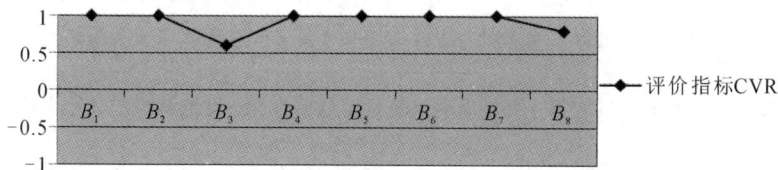

图 6-3　供应商绩效评价指标 CVR

6.2.3　指标类型及评价标准

　　由图 6-2 可知，协议供应商绩效评价指标体系从 4 个维度确立了 8 个指标，具体评价指标及其类型详见表 6-4。

表 6 - 4　供应商绩效评价指标及其类型

评价指标	指标类型	数据类型	分类
产品合格率 B_1	定量	实数	B
产品故障率 B_2	定量	实数	C
订单完成率 B_3	定量	实数	B
准时交货率 B_4	定量	实数	B
服务响应时间 B_5	定量	区间数	C
用户满意度 B_6	定性	语言	B
信息时效性 B_7	定性	语言	B
信息准确性 B_8	定性	语言	B

注：B 为效益型指标，C 为成本型指标。

对于定性指标的评价，由军方依据评价标准对照供应商表现进行语义判断，以"好/高、较好/较高、一般/中等、较差/较低、差/低"等语言变量赋予其绩效评价值。评价标准见表 6 - 5、表 6 - 6、表 6 - 7。

表 6 - 5　用户满意度 B_6 评价标准

语义评价	标　　准
高	服务态度好，维修周期短且维修频率低，未对部队造成实质影响
较高	服务态度较好，维修周期较短且维修频率低，对部队造成较小影响
中等	服务态度一般，维修周期较长或维修频率较高，对部队造成中等影响
较低	服务态度较差，维修周期较长或维修频率较高，对部队造成较大影响
低	服务态度差，维修周期长或维修频率高，对部队造成重大影响

表 6－6　信息时效性 B_7 评价标准

语义评价	标　　准
好	沟通非常及时，未对部队造成实质影响
较好	沟通比较及时，对部队造成较小影响
一般	沟通一般及时，对部队造成中等影响
较差	沟通不太及时，对部队造成较大影响
差	沟通很不及时，对部队造成重大影响

表 6－7　信息准确性 B_8 评价标准

语义评价	标　　准
好	信息传递真实无误
较好	信息传递存在人为失误造成的错误，对部队造成较小影响
一般	信息传递存在人为失误造成的错误，对部队造成中等影响
较差	信息传递存在人为故意造成的错误，对部队造成较大影响
差	信息传递存在人为故意造成的错误，对部队造成重大影响

6.3　混合信息下的供应商绩效评价方法

6.3.1　绩效评价方法选择

供应商绩效评价的常见方法有主观判断法、线性权重法、层次分析法（AHP）、模糊综合评价法、数据包络分析法（DEA）、逼近理想解排序法（TOPSIS）等。

主观判断法、线性权重法虽耗费时间较短，操作较为简单，但依赖于评价者本身对于事物的经验判定，主观性较强，容易产生偏差。AHP 能很好地实现定性与定量相结合，模型简单易用，但缺陷在于当指标层次较多、规模过大时，计算比较复杂。模糊综合评价法既能利用人的主观经验，又能反映出影响因素的模糊性，通常需要与 AHP 方法结合使用。DEA 的优势在于不受指标量纲和权重的影响，避免了人为因素干扰，但其弊端在于只能得到评价对象的相对效益值，且对样本容量要求高。TOPSIS 法通过计算被评价对象与理想化目标的接近程度来进行优劣排序，评价结果量化直观，但无法对位于正、负理想解中垂线及左侧的样本点进行合理排序。

由于框架协议招标模式下军方和协议供应商的合作期限较长，供应商的绩效水平会随时间发展产生波动。因此，应从"动态"的角度考虑，对一定时期内供应商的绩效表现进行综合评价，使评价结果更为准确和客观[167]。上述评价方法大多以结果为导向，适用于考察供应商当期业绩表现得出的绩效评价结果，并没有考虑到供应商绩效的动态变化问题。而 TOPSIS 法通过构造理想解，可以为各供应商树立绩效标杆，不仅能够反映供应商当期的综合绩效水平，而且可以反映出供应商在一定时期内各维度的绩效变化，有利于为军方动态调控和改善供应商绩效提供针对性指导。此外，TOPSIS 法在处理混合信息方面也具有一定的优越性。因此，本节采用 TOPSIS 法构建混合信息下的协议供应商绩效评价模型，关注供应商的动态绩效变化，并弥补以往仅从静态或单一角度研究的不足。为弥补传统 TOPSIS 法的缺陷，这里沿用第 4 章的方法，将灰关联度引入贴近度的计算公式对 TOPSIS 法进行改进。

6.3.2　基于混合 GRA – TOPSIS 的供应商绩效评价模型构建

1. 问题描述与假设

设被评价的供应商集为 $O=\{O_i, i=1, 2, \cdots, n\}$，评价指标集为 $B=\{B_j, j=1, 2, \cdots, m\}$，令 ω_j 为指标 B_j 的权重，满足 $\omega_j \in [0, 1]$，且 $\sum_{j=1}^{m} \omega_j = 1$。不失一般性，令 m 个评价指标中，前 h 个为定性指标，后 $m-h$ 个为定量指标。依托部队用户代表作为专家对定性指标进行主观评价，评价值用语言变量表示，鉴于直觉模糊数处理不确定问题的优越性，将语言变量统一转化为直觉模糊数（IFN）。设专家群体集为 $D=\{D_s, s=1, 2, \cdots, k\}$，令 λ_s 为专家 D_s 的权重，满足 $\lambda_s \in [0, 1]$，$\sum_{s=1}^{k} \lambda_s = 1$，专家 D_s 做出评价的矩阵为 $V_s = [a_{ijs}^t]_{n \times h}$，$j=1, 2, \cdots, h$，其中 a_{ijs}^t 表示第 t 个考评期（$t=1, 2, \cdots, T$）专家 D_s 对供应商 O_i 在指标 B_j 上的评价值；由军方对定量指标进行数据收集，a_{ij}^t（$j=h+1$，

$h+2$，…，m)表示第 t 个考评期供应商 O_i 在指标 B_j 上的客观评价值，评价值用实数(R)和区间数(IR)表示。为使绩效评价的结果更具科学性和可比性，假设供应商的各项指标理想值由军方专家根据军方利益和供应商实际情况事先确定，作为绩效参考的标杆。

2. 评价流程

首先收集各供应商的主客观评价信息，然后将主观评价信息与专家权重集结得到群评价信息，与规范化的客观评价信息集合得到各供应商的综合评价矩阵，最后采用 GRA - TOPSIS 方法得到各供应商的综合绩效值和 4 个维度的分项绩效值，判断各供应商的优劣[167]。具体实施流程如图 6 - 4 所示。

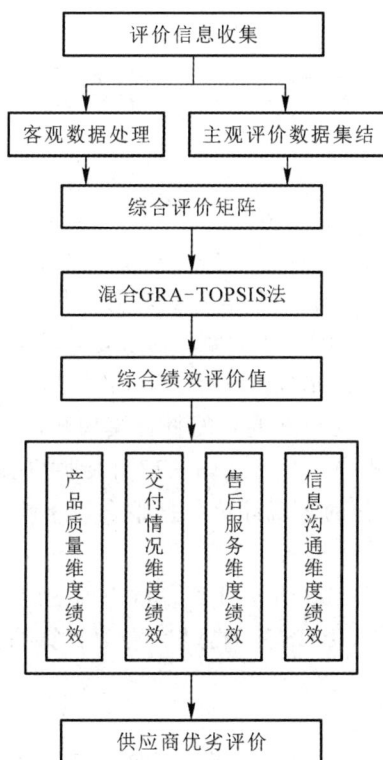

图 6 - 4　供应商绩效评价模型实施流程

(1) 收集各供应商绩效评价信息，确定正负理想解。供应商各项绩效指标的正负理想解由军方事先确定，且不随考评期改变，以保证标杆绩效的稳定性。正理想解 $\boldsymbol{F}^+ = \{a_j^+\}$，负理想解 $\boldsymbol{F}^- = \{a_j^-\}$，$j = 1, 2, \cdots, m$。$\{a_j^+\}$、$\{a_j^-\}$ 中的数据类型包括实数(R)、区间数(IR)和直觉模糊数(IFN)。

（2）规范化客观数据。考虑到供应商评价指标为混合评价数据，需对客观评价指标下的数值型和区间数型数据信息进行规范化处理。已知各指标的正负理想解，可以将正负理想解作为最大最小值，采取极差变换法，使数据取值范围均在[0，1]区间内。

① 数值数型数据。原始客观评价数据 a_{ij}^t 经过规范化处理后记为 u_{ij}^t，有

$$u_{ij}^t = \begin{cases} \dfrac{a_{ij}^t - a_j^-}{a_j^+ - a_j^-}, & 1 \leqslant i \leqslant n, \ h+1 \leqslant j \leqslant m, \ a_{ij}^t \in B \\[2mm] \dfrac{a_j^+ - a_{ij}^t}{a_j^+ - a_j^-}, & 1 \leqslant i \leqslant n, \ h+1 \leqslant j \leqslant m, \ a_{ij}^t \in C \end{cases} \tag{6-18}$$

② 区间型数据。区间数评价值 $[a_{ij}^{t\,L}, a_{ij}^{t\,U}]$ 经规范化处理后记为 $[u_{ij}^{t\,L}, u_{ij}^{t\,U}]$，有

$$u_{ij}^{t\,L} = \frac{a_{ij}^{t\,L} - a_j^{L-}}{a_j^{U+} - a_j^{L-}}, \ u_{ij}^{t\,U} = \frac{a_{ij}^{t\,U} - a_j^{L-}}{a_j^{U+} - a_j^{L-}}, \ 1 \leqslant i \leqslant n, \ h+1 \leqslant j \leqslant m, \ [a_{ij}^{t\,L}, a_{ij}^{t\,U}] \in B$$

$$\tag{6-19}$$

$$u_{ij}^{t\,L} = \frac{a_j^{U+} - a_{ij}^{t\,U}}{a_j^{U+} - a_j^{L-}}, \ u_{ij}^{t\,U} = \frac{a_j^{U+} - a_{ij}^{t\,L}}{a_j^{U+} - a_j^{L-}}, \ 1 \leqslant i \leqslant n, \ h+1 \leqslant j \leqslant m, \ [a_{ij}^{t\,L}, a_{ij}^{t\,U}] \in C$$

$$\tag{6-20}$$

（3）确定指标权重。指标权重作为重要的评价标准，一般通过德尔菲法（Delphi）、层次分析法（AHP）等主观赋权法确定，以体现决策者偏好。

（4）主观评价数据集结，形成供应商综合评价矩阵。根据转化标准（见表4-4）将专家语义评价转化为有犹豫度差异的直觉模糊数，建立专家直觉模糊评价矩阵，利用式（4-5）、式（4-9）～式（4-17）得到主观群评价矩阵。将集结后的主观评价矩阵与规范化的客观评价数据整合，得到各供应商的综合评价矩阵 $\boldsymbol{V} = [u_{ij}^t]_{n \times m}$。

（5）采用 GRA - TOPSIS 方法计算各供应商的综合绩效和4个维度的绩效。根据第4章 GRA - TOPSIS 法的思想，首先计算综合评价矩阵中各指标与正负理想解的 Euclidean 距离。

① 如果 $u_{ij}^t \in \mathrm{R}$，有

$$d(u_{ij}^t, u_j^+) = |u_{ij}^t - u_j^+|, \ d(u_{ij}^t, u_j^-) = |u_{ij}^t - u_j^-| \tag{6-21}$$

② 如果 $u_{ij}^t \in \mathrm{IR}$，有

$$d(u_{ij}^t, u_j^+) = \sqrt{\frac{1}{2}\left[(u_{ij}^{t\,L} - u_j^{L+})^2 + (u_{ij}^{t\,U} - u_j^{U+})^2\right]}$$

$$d(u_{ij}^t, u_j^-) = \sqrt{\frac{1}{2}\left[(u_{ij}^{t\,L} - u_j^{L-})^2 + (u_{ij}^{t\,U} - u_j^{U-})^2\right]} \tag{6-22}$$

③ 如果 $u_{ij}^t \in \text{IFN}$，有

$$d(u_{ij}^t, u_j^+) = \sqrt{\frac{1}{2}\left[(\mu_{ij}^t - \mu_j^+)^2 + (\nu_{ij}^t - \nu_j^+)^2 + (\pi_{ij}^t - \pi_j^+)^2\right]}$$

$$d(u_{ij}^t, u_j^-) = \sqrt{\frac{1}{2}\left[(\mu_{ij}^t - \mu_j^-)^2 + (\nu_{ij}^t - \nu_j^-)^2 + (\pi_{ij}^t - \pi_j^-)^2\right]} \qquad (6-23)$$

然后利用式(4-1)～式(4-3)计算各供应商与正理想解 $\boldsymbol{F}^+$ 的贴近度，以贴近度作为绩效评价值，表征各供应商绩效与最理想绩效的接近程度，其值越大，表示供应商的绩效越靠近最优水平。根据各供应商的综合绩效 c_i 和 4 个维度的绩效 $\{c_i^1, c_i^2, c_i^3, c_i^4\}$ 可判断供应商的优劣。

6.4　基于绩效评价的供应商动态调控机制

利用混合 GRA-TOPSIS 绩效评价模型得到供应商在各考评期的综合绩效和各维度绩效，通过比较各考评期供应商的绩效排序和绩效变化，可以使军方充分了解各供应商的绩效表现，为督促供应商改善绩效提供方向性指导，同时也可以为供应商的奖惩提供依据。

本节拟从调控的针对性和有效性出发，将供应商绩效水平划分为多个等级，根据供应商综合绩效和各维度绩效等级及变化情况，对供应商进行及时的引导，帮助其"查漏补缺"，不断提高自身业绩[168]。

6.4.1　绩效等级划分

将贴近度划分为 4 个层级，分别表示供应商绩效水平为优、良、中、差 4 个等级，从低到高每一层级包含的数据范围为$(D_0, D_1]$，$(D_1, D_2]$，$(D_2, D_3]$，$(D_3, D_4]$，一般取 $D_0 = 0$，$D_4 = 1$；$D_{l-1} < D_l$，$l = 1, 2, 3, 4$。供应商绩效等级划分详见表 6-8。

表 6-8　供应商绩效等级划分

贴近度	绩效等级
$(D_3, D_4]$	优
$(D_2, D_3]$	良
$(D_1, D_2]$	中
$(D_0, D_1]$	差

6.4.2　基于静态绩效水平的调控机制

已知供应商 O_i 在第 t 个考评期的综合绩效为 $c_i(t)$，4 个维度的绩效为 $\{c_i^1, c_i^2, c_i^3, c_i^4\}_t$，军方对供应商绩效水平的要求为良好以上。根据供应商在第 t 个考评期的绩效等级，可区分 4 种情形进行调控。供应商静态绩效调控机制如图 6-5 所示。

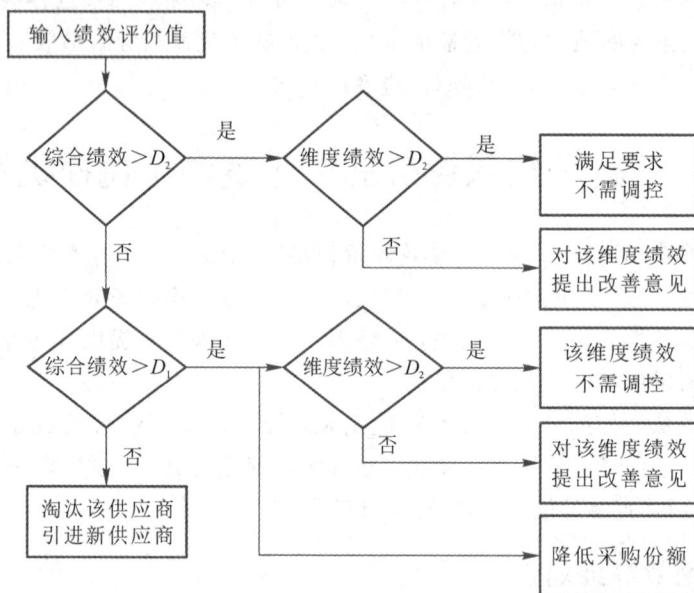

图 6-5　供应商静态绩效调控机制

具体调控可分为以下四种情形：

（1）供应商的综合绩效和各维度绩效等级均为"良"及以上，说明该供应商各方面表现都满足军方要求，不需采取约束措施，可结合供应商动态绩效变化情况进行正向激励。

（2）供应商的综合绩效等级为"良"及以上，但存在个别维度绩效等级为"中"及以下的，说明该维度绩效需要改善，军方应向供应商提出针对性的改善意见。

（3）供应商的综合绩效等级为"中"，说明该供应商的整体表现不佳，应结合各维度绩效等级情况提出针对性的改善意见，同时在下一考评期适当降低该供应商的采购份额作为惩罚。

（4）供应商的综合绩效等级为"差"，说明该供应商的整体表现已经不符合军方要求，应予以淘汰，引入新的供应商参与竞争。

6.4.3　基于动态绩效变化的调控机制

当供应商的绩效水平在第 t 个考评期处于某一等级，而在 $t+1$ 期又处于另一等级时，说明供应商的静态绩效水平在连续时期内发生了等级的上升或下降，需要对绩效水平上升的供应商进行及时的鼓励和引导，对等级下降的供应商进行及时的惩罚和约束。

首先，对于连续时期内发生等级下降的供应商，应结合静态绩效的调控思路展开惩罚，具体可区分以下四种情形：

（1）对于绩效等级下降至"中"的供应商，应提出警告，同时在下一考评期降低该供应商的采购份额，并依据维度绩效情况，提出针对性改善意见。

（2）对于在连续时期内绩效等级处于"中"达到连续 2 次或累计 3 次的供应商，可考虑取消其合作资格，重新引进新的供应商。

（3）对于绩效等级下降至"差"的供应商，应取消其合作资格，重新引进新的供应商。

（4）当各供应商绩效都下降至"中"及以下时，除不可抗力影响外，应考虑重新招标。

其次，对于连续时期内发生等级上升的供应商，可区分以下两种情形进行激励：

（1）对于绩效等级由"中"上升至"良"及以上的供应商，可结合维度绩效情况视情恢复其采购份额。

（2）对于绩效等级上升至"优"的供应商，应给予该考评期"军队优秀合作商"荣誉称号，作为其今后参与军队采购项目的业绩证明，可在评分中给予加分奖励；同时可视情增加其下一考评期的采购份额。

此外，为了避免供应商出现"最后一公里"的松懈，即在协议最后一期出现绩效水平的下降，军方要充分发挥"声誉效应"的激励作用，承诺在协议期结束时根据供应商的整体绩效表现给予一定的声誉激励。如，对于协议期内绩效等级为"优"累计达 2 次（含）以上，且最后一期绩效等级在"良"及以上的供应商，给予"军队优质供应商"荣誉称号，可在后续军队招标活动中省去资格预审环节，直接入围供应商名单，并在评分中给予加分奖励等，以此来提高供应商对未来收益的预期，进而提高努力的积极性，实现军方和供应商的利益"双赢"。

供应商动态绩效调控机制如图 6-6 所示。

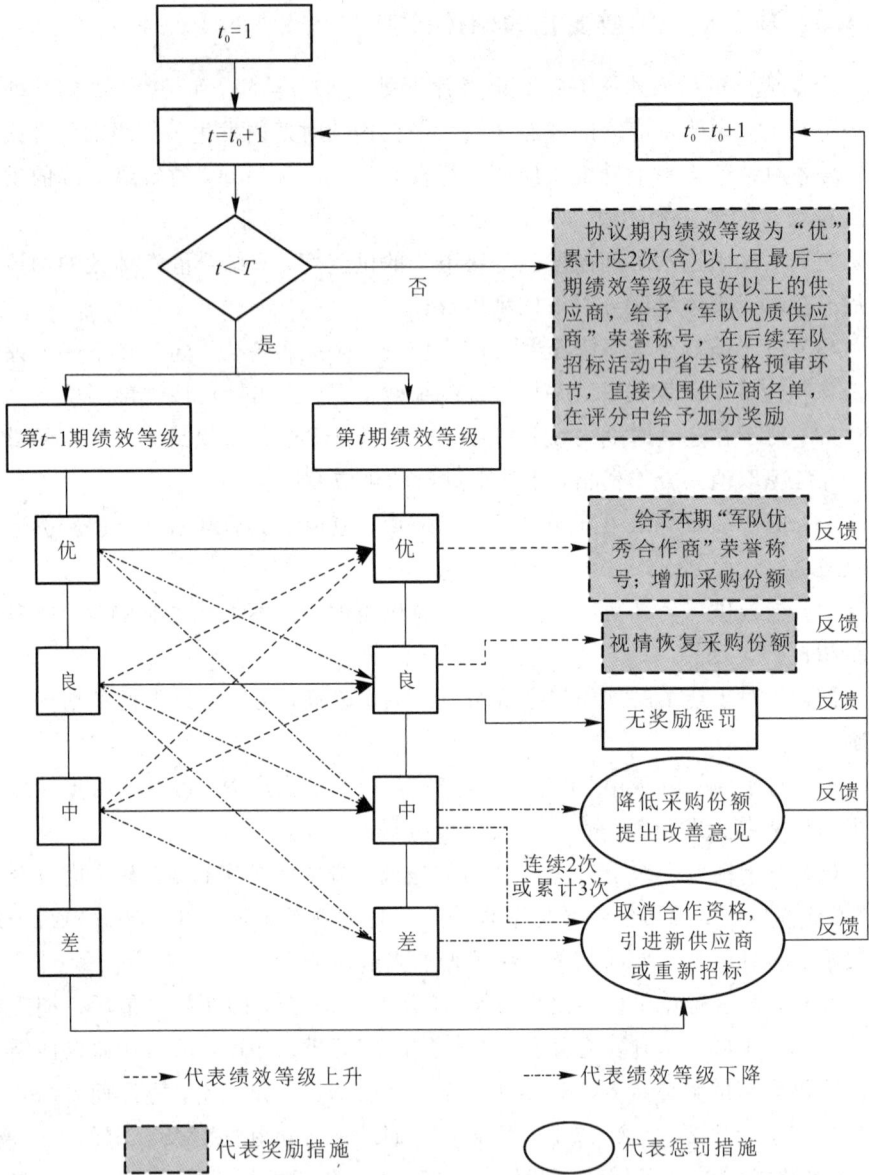

图 6-6 供应商动态绩效调控机制

6.5 示 例 分 析

本节以采购某型军用头盔为例,采用提出的绩效评价方法对供应商进行动态管理。经过前期招投标,军方选择甲、乙、丙 3 家供应商进行合作,协议期为 2018—2020 年,并且规定每年年底对本年度各供应商绩效表现进行统一评价。

6.5.1 评价过程及结果

各供应商 2018—2019 年的原始定量指标评价信息和军方理想指标值见表 6-9,军方选取 3 名专家代表对定性指标进行语义评价,根据转化标准(详见表 4-4)将语言变量转化为有犹豫度差异的直觉模糊数。由于专家对各供应商表现非常了解,评价犹豫度很小,令 $\pi=0.1$,得到专家组对各供应商的直觉模糊评价值和军方理想指标值,见表 6-10。

表 6-9 供应商定量指标原始数据及军方理想指标值

指标	甲		乙		丙		正理想解	负理想解
	2018	2019	2018	2019	2018	2019		
B_1	100%	100%	98%	100%	97%	97%	100%	95%
B_2	1%	0	3%	1%	2%	4%	0	5%
B_3	100%	100%	100%	100%	100%	100%	100%	95%
B_4	100%	100%	96%	96%	100%	92%	100%	80%
B_5	[6, 9]	[6, 7]	[8, 10]	[7, 9]	[7, 9]	[9, 10]	[6, 6]	[12, 12]

注:B_5 的单位为工作小时,当 $u_{ij}^{t\,L}=u_{ij}^{t\,U}$ 时,区间数 $u_{ij}^t=[u_{ij}^{t\,L}, u_{ij}^{t\,U}]$ 实际上是精确数,即军方对服务响应时间的理想指标值为精确数。

表6-10　专家组对各供应商的直觉模糊评价及军方理想指标值

指标		甲 2018	甲 2019	乙 2018	乙 2019	丙 2018	丙 2019	正理想解	负理想解
B_6	D_1	(0.8, 0.1)	(0.8, 0.1)	(0.45, 0.45)	(0.65, 0.25)	(0.65, 0.25)	(0.25, 0.65)		
	D_2	(0.65, 0.25)	(0.8, 0.1)	(0.25, 0.65)	(0.65, 0.25)	(0.45, 0.45)	(0.45, 0.45)		
	D_3	(0.8, 0.1)	(0.8, 0.1)	(0.45, 0.45)	(0.65, 0.25)	(0.45, 0.45)	(0.45, 0.45)		
B_7	D_1	(0.8, 0.1)	(0.8, 0.1)	(0.65, 0.25)	(0.8, 0.1)	(0.65, 0.25)	(0.45, 0.45)		
	D_2	(0.8, 0.1)	(0.8, 0.1)	(0.45, 0.45)	(0.65, 0.25)	(0.65, 0.25)	(0.45, 0.45)		
	D_3	(0.8, 0.1)	(0.8, 0.1)	(0.65, 0.25)	(0.65, 0.25)	(0.65, 0.25)	(0.45, 0.45)		
B_8	D_1	(0.65, 0.25)	(0.65, 0.25)	(0.45, 0.45)	(0.65, 0.25)	(0.65, 0.25)	(0.45, 0.45)	(0.8, 0.1)	
	D_2	(0.8, 0.1)	(0.8, 0.1)	(0.45, 0.45)	(0.65, 0.25)	(0.8, 0.1)	(0.65, 0.25)		(0.1, 0.8)
	D_3	(0.65, 0.25)	(0.65, 0.25)	(0.65, 0.25)	(0.8, 0.1)	(0.65, 0.25)	(0.65, 0.25)		

评价过程如下：

（1）利用式（6－18）、式（6－20）对客观数据进行规范化处理以消除量纲的影响，得到规范化后的客观评价值。

（2）采用 Delphi 法确定各指标权重向量 $\boldsymbol{\omega}$＝（0.1，0.2，0.1，0.1，0.1，0.2，0.1，0.1）。

（3）参照第 4.3.4 小节的专家群体主观评价数据集结方法，利用式（4－9）～式（4－17）得到各专家综合权重向量，利用式（4－5）将各专家的评价矩阵与专家综合权重集结，将群评价信息与规范化的客观评价值集合得到各供应商的综合评价矩阵，见表 6－11。

表 6－11　供应商综合评价矩阵及规范化理想解

指标	甲		乙		丙		正理想解	负理想解
	2018	2019	2018	2019	2018	2019		
B_1	1	1	0.6	1	0.4	0.4	1	0
B_2	0.8	1	0.4	0.8	0.6	0.2	1	0
B_3	1	1	1	1	1	1	1	0
B_4	1	1	0.8	0.8	1	0.6	1	0
B_5	[0.5, 1]	[0.83, 1]	[0.33, 0.67]	[0.5, 0.83]	[0.5, 0.83]	[0.33, 0.5]	[1, 1]	[0, 0]
B_6	(0.76, 0.14)	(0.8, 0.1)	(0.39, 0.51)	(0.65, 0.25)	(0.53, 0.37)	(0.39, 0.51)	(0.8, 0.1)	(0.1, 0.8)
B_7	(0.8, 0.1)	(0.8, 0.1)	(0.6, 0.3)	(0.72, 0.18)	(0.65, 0.25)	(0.45, 0.45)	(0.8, 0.1)	(0.1, 0.8)
B_8	(0.72, 0.18)	(0.72, 0.18)	(0.53, 0.37)	(0.72, 0.18)	(0.72, 0.18)	(0.6, 0.3)	(0.8, 0.1)	(0.1, 0.8)

（4）采用 GRA－TOPSIS 方法计算各供应商的综合绩效和 4 个维度的绩效，根据绩效等级标准（表 6－12），得到绩效评价结果（表 6－13）。

表 6－12　供应商绩效等级标准

贴近度	绩效等级
(0.7, 1]	优
(0.5, 0.7]	良
(0.3, 0.5]	中
(0, 0.3]	差

表 6-13　供应商绩效评价结果

年份	供应商	综合绩效		产品质量绩效		交付情况绩效		售后服务绩效		信息沟通绩效	
		c_i	等级	c_i^1	等级	c_i^2	等级	c_i^3	等级	c_i^4	等级
2018	甲	0.693	良	0.689	良	0.752	优	0.662	良	0.681	良
	乙	0.547	良	0.481	中	0.707	优	0.476	中	0.567	良
	丙	0.608	良	0.519	良	0.752	优	0.555	良	0.637	良
2019	甲	0.723	优	0.752	优	0.752	优	0.703	优	0.681	良
	乙	0.661	良	0.689	良	0.707	优	0.605	良	0.656	良
	丙	0.499	中	0.379	中	0.667	良	0.464	中	0.544	良

6.5.2　结果分析及调控

由表 6-13 可知，2018 年三家供应商的综合绩效排序为甲＞丙＞乙，等级均为"良"，满足军方要求。但供应商乙的产品质量维度和售后服务维度绩效等级为"中"，说明这两个维度绩效需要改善。依据调控机制，军方应对供应商乙的产品质量和售后服务水平提出改进要求。

2019 年三家供应商的综合绩效排序为甲＞乙＞丙。相较于 2018 年，供应商甲的绩效等级由"良"上升为"优"，且产品质量和售后服务水平得到进一步提高；供应商乙的综合绩效等级没有变化，但产品质量水平和售后服务均有所改善，等级上升为"良"，总体表现有所提升；供应商丙的综合绩效等级由"良"下降至"中"，且产品质量、交付情况、售后服务表现均有所下滑，绩效表现不够理想。依据调控机制，军方应给予供应商丙警告一次，在下一考评期减少该供应商 5％的采购份额作为惩罚；给予供应商甲 2019 年度"军队优秀合作商"荣誉称号，同时将供应商丙减少的采购量转给供应商甲作为其绩效努力的奖励。

第 7 章　政策建议与展望

7.1　政 策 建 议

　　框架协议招标作为一种新型采购理念和模式，既保留了传统招标竞争择优、程序规范等特点，同时又具有批量集中采购、协议期较长、供需关系稳定等优势，能较好地解决装备采购效率低、质量风险大、维修保障难等问题，具有十分重要的应用价值。本书围绕框架协议招标模式在装备采购中的采购需求决策、中标供应商选择、定价机制与份额分配、供应商动态管理等四个关键问题展开深入研究，为装备采购提供了新的招标思路和技术方法，但要真正将框架协议招标模式应用于装备采购实践中，还需从加强计划管理、健全规章制度、强化机构协同三个方面采取相应的措施，实现框架协议招标与现行招标规则程序、组织机构的合理衔接。

7.1.1　加强计划管理

　　装备采购计划是开展装备采购工作的基本依据。在实际采购工作中，装备采购计划通常是每年年初由有关装备部门依据装备建设规划和缺编退补情况，结合经费预算进行编制，报上级部门审批后下达实施。为更好地满足部队需求，提高采购计划的编制效率，装备部门应及早介入装备需求计划形成过程，加强计划管理。

　　一方面，要建立装备数据库，准确掌握部队装备实力数据。装备实力是制订装备采购计划的重要参考依据。目前装备部门主要依托每年装备实力会审、装备清查点验等时机，统计各部队装备消耗、退役报废及库存数量，了解部队装备变动情况，分析装备采购需求。但由于装备种类繁多，统计核查工作量大，容易受人为因素干扰，使装备统计数据的准确性下降，因此有必要提升装备实力信息化管理水平。可建立装备数据采集平台，各级设立专门的数据管理员，赋予本级装备数据的收集、录入和修改权限。通过将装备动用使用数据、装备大修、中修、小修等维修数据、装备退役报废数据等存储于专门的数据库中，有利于及时、准确地掌握各部队装备的缺编情况和退补需求，同时为数据挖掘分析、确定采购优先级提供数据支撑。

　　另一方面，要贴近军事任务需求，准确把握装备补充重点。军事需求是装备采购工作的第一出发点。要以作战需求为根本牵引，以体系建设为内在要求，以备战打仗为鲜明导向，立足现有实力研究资源的投向投量，优先保障重要任务、重点方向，建强反恐、应急救援力量，优先采购对作战能力有明显提升、对短板弱项有明显补充的装备，并把这一原则作为制订装备采购计划的重要指导思想。

7.1.2　健全规章制度

　　目前，装备招标采购有关法规制度当中还未提出框架协议招标的相关概念，也未对实施框架协议招标的适用范围、程序做出明确规定。但在最新的《装备招标采购管理办法（征求意见稿）》中，已经有了关于中标人数量不唯一、多个中标人任务分配和价格确定的相关规定，这为实施框架协议招标提供了可行的政策依据，因此建议进一步健全完善相关配套法规制度，使框架协议招标工作有法可依、有据可循，具体做法如下：

　　（1）明确框架协议招标的性质及标的物范围。框架协议招标本质上仍然是一种招标采购方式，可分为公开招标和邀请招标，是传统招标采购方式的一种补充，主要适用于一定时期内采购金额达到限额标准、生产主体较多、技术标准较为统一、采购规模较大的装备。

　　（2）明确采购计划的编制要求及协议期限。框架协议招标采购计划依据3～5年内装备发展规划和缺编退补情况进行编制，结合装备保障需求和预算情况，纳入年度采购计划组织招标，但合同的履行期限一般为3年，特殊情况下可延长至5年，属于长期有效合同。

　　（3）明确框架协议招标程序。框架协议招标遵循招标采购的一般流程，仅在招标结束时同中标人签订的框架协议内容与一般合同有所区别。协议内容包括装备种类、规格型号、技术标准、质量标准、预估数量、定价方式、安全要求、储存方式、运输方式、交货期、交货方式及地点、结算方式、协议期限、违约责任、纠纷处理等。当中标人数为多个时，框架协议中还需确定各供应商采购份额分配方案、协议期内份额调整原则及办法。

7.1.3　强化机构协同

　　装备采购是一个复杂且具有连续性的系统，通常需要多个机构共同参与完成。为了提高框架协议招标采购效益，必须理顺机构之间的职责分工、作用关系，实现相互协同配合。由于框架协议招标遵循招标的一般流程，因此负责框架协议招标采购项目的组织机构应与传统招标采购保持一致。

在计划制订层面，装备相关业务部门负责分管装备规划计划的论证和编报，综合计划部门汇总审核后根据装备需求情况及时限要求，统一形成框架协议招标装备目录清单，再根据年度装备保障重点、经费安排原则等要求，下达年度采购计划。

在采购执行层面，装备项目管理部门牵头制订具体采购项目实施方案，确定战技术指标要求、中标人数量、协议期限等内容。审价部门对纳入框架协议招标的装备进行价格构成分析，及时了解市场资源情况和价格走势，准确把握市场行情，合理测算招标项目的拦标价，对多中标人的定价方式、任务分配进行论证，避免投标人策略性报价出现恶意低价中标，增加供应风险。招标部门提出招标项目评分标准，由于框架协议期限较长，在评标时应更加注重供货保障和售后服务能力，可在一定范围内适当增加商务部分的评分权重。招标结束后由项目管理部门与候选中标人进行协商谈判，签订框架协议。

在协议履行层面，军事代表局负责对装备进行检验验收、出厂检查，开展培训、交接与发运和售后服务监督，负责协议供应商履约绩效评价工作，评定协议供应商履约绩效等级，提出改进建议，落实奖惩措施。

7.2　展　　望

由于框架协议招标模式在装备采购领域尚属于新鲜事物，本书对该模式在装备采购中应用的理论基础、适用对象和流程，以及涉及的一些关键问题进行了一些初步的有益探索。由于框架协议招标的协议期限较长，要实现该模式具体落地实施，还需要对以下两个问题进行深入探讨研究：

（1）数量柔性条件下的供应商补偿问题。受环境形势等因素变化的影响，协议期内预测需求量与实际需求量之间往往存在偏差，即采购量具有一定的柔性。当实际采购量小于协议约定的最低采购量时，协议供应商利益会遭受损失，因此有必要确定合理的采购量下限，并对协议供应商的补偿机制展开研究，以实现供需双方稳定的合作关系。

（2）价格柔性条件下的风险分担问题。针对协议期内原材料价格波动导致装备价格上涨或下跌的问题，需要对供应链上供需主体的风险分担策略进行探讨，形成采购价格柔性协议，以缓解价格波动带来的供应链风险。

参 考 文 献

[1]　余高达，赵潞生. 军事装备学[M]. 北京:国防大学出版社，2000.

[2]　中国人民解放军军语[M]. 北京：军事科学出版社，2011.

[3]　全军武器装备采购信息网[EB/OL]. http://www.weain.mil.cn.

[4]　林原. 军民融合背景下装备核心保障能力建设研究[J]. 武警学术，
　　　2019，34(5)：57-59.

[5]　李潇. 框架协议招标下的创新招标模式构建[J]. 价值工程，2017，35(4)：
　　　205-207.

[6]　苌军红. 推进武器装备研制生产军民融合发展的探讨[J]. 中国军转民，
　　　2017，8(3)：50-52.

[7]　何红锋，王洁. 联合国《采购示范法》草案中的框架协议[J]. 中国政府采
　　　购，2010，10(2)：68-69.

[8]　陈颖. 美国框架协议采购的启示[J]. 中国政府采购，2010，10(8)：78-80.

[9]　倪东生. 协议供货采购方式的问题与解决方法[J]. 中国流通经济，
　　　2013(8)：69-72.

[10]　白凤丽. 如何解决协议供货采购中存在的问题[J]. 中国政府采购，
　　　2008，8(10)：66-67.

[11]　范翔，刘鑫滨，许园园. 正确认识军队物资采购协议供货[J]. 军队采购
　　　与物流，2011，13(6)：61-62.

[12]　陈梁. 基于供应链理论的政府采购优化研究[D]. 杭州：浙江工业大
　　　学，2015.

[13]　马倩，潘国庆. 框架协议招标与战略供应商的选择[J]. 石油石化物资采
　　　购，2011(7)：86-89.

[14]　王倩倩，冯罡. 企业框架协议招标的法律依据探寻[J]. 招标采购管理，
　　　2017，17(8)：28-30.

[15]　蔡宇涛. 浅析框架协议招标采购模式[J]. 招标采购管理，2013，13(9)：
　　　25-27.

[16]　刘栋国. 框架协议招标 创新招标模式[J]. 中国招标，2014(4)：15-18.

[17]　田洪辉. 框架协议采购模式下的供应商选择问题探析[J]. 石油石化物

资采购，2010(5)：93-95.

[18] 李莉. 框架协议招标采购模式的设计与实现[J]. 海军后勤学报，2015(4)：64-66.

[19] 尹相平，杨成昱. 框架协议招标在维修器材购置中的应用[J]. 海军装备维修，2012，213(11)：31-32.

[20] 张祚良，丁融冰，张威. 海军装备框架协议招标采购初探[J]. 海军装备，2015，33(10)：70-71.

[21] DICKSON G W. An analysis of vendor selection systems and decisions [J]. Journal of Purchasing，1966，2(1)，5-17.

[22] WEBER C A，CURRENT J R. Vendor selection Criteria and Methods[J]. European Journal of operational Research，1991，50：2-18.

[23] 陈启杰，齐菲. 供应商选择研究述评[J]. 外国经济与管理，2009，31(5)：31-37.

[24] HO W，XU X W，DEY P K. Multi：criteria decision making approaches for supplier evaluation and selection：a literature review[J]. European Journal of operational research，2010，202(1)：16-24.

[25] 马士华，林勇. 供应链管理 2. 版[M]. 北京：机械工业出版社，2005.

[26] 林勇，马士华. 供应链管理环境下供应商的综合评价选择研究[J]. 物流技术，2000(11)：31-33.

[27] 刘进，郭进超. 基于熵值法和 TOPSIS 法的供应链环境下供应商选择[J]. 商业经济研究，2018，37(6)：34-36.

[28] 何智民，杨西龙，姜玉宏. 基于 ANP – TOPSIS 的军队采购供应商评价与选择[J]. 军事交通学院学报，2020，22(8)：57-61.

[29] 郭伟，王娜，孙改娜. AHP 和 TOPSIS 在供应商评价与选择中的应用[J]. 西安工程大学学报，2013，27(1)：93-96.

[30] DASGUPTA S，SPULBER D F. Managing procurement auctions[J]. Information Economics and Policy，1990，4(1)：5-29.

[31] CHE Y K. Design competition through multidimensional auctions[J]. Rand Journal of Economics，1993，24：668-680.

[32] BRANCO F. The design of multidimensional auctions[J]. Rand Journal Economics，1997，28：63-81.

[33] CHEN A S，LIAW G，LEUNG M T. Stock Auction Bidding Behavior and Information Asymmetries：An Empirical Analysis Using the Discriminatory Auction Model Framework[J]. Journal of Banking & Finance，2003，

27(5)：876-889.

[34]　REZENDER L. Biased Procurement Auctions[J]. Economic Theory，2009，38(1)：169-185.

[35]　CASTRO L I，FRUTOS M A. How to Translate Results from Auctions to Procurements[J]. Economics Letters，2010，106(2)：115-118.

[36]　CAMPO S. Risk Aversion and Asymmetry in Procurement Auctions：Identification[J]. Estimation and Application to Construction Procurements，2012，168(1)：96-107.

[37]　杨颖梅. 基于投标人风险特性的招标博弈分析[J]. 金融经济，2010(2)：61-63.

[38]　夏晓华，王美今. 考虑情绪波动的关联价值拍卖模型研究[J]. 数学的实践与认知，2010，40(4)：25-31.

[39]　王明喜，谢海滨，胡毅. 基于简单加权法的多属性采购拍卖模型[J]. 系统工程理论与实践，2014，34(11)：2772-2782.

[40]　朱阁，WHINSTON A B. 以社会福利最大化为目标的在线多属性采购拍卖机制设计与实施[J]. 管理评论，2016，28(5)：47-60.

[41]　潘香林. 多属性多中标者逆向拍卖机制的均衡策略研究[D]. 武汉：武汉科技大学，2013.

[42]　NARASIMHAN R，STOYNOFF L K. Optimizing Aggregate Procurement Allocation Decisions [J]. Journal of Purchasing and Materials Management，1986，22 (1)：23-30.

[43]　PAN A C. Allocation of Order Quantity among Suppliers[J]. Journal of Purchasing and Materials Management，2011，10(5)：36-39.

[44]　GHODSYPOUR S H，BRIEN O C. The total cost of logistics in supplier selection under conditions of multiple sourcing，multiple criteria and capacity constraint[J]. International Journal of Production Economics，2001，73(1)：15-27.

[45]　EBRAHIM R M，RZAMI J，HALEH H. Scatter search algorithm for supplier selection and order lot sizing under multiple price discount environment[J]. Advances in Engineering Software，2009，40(9)：766-776.

[46]　韩卫军，王丽亚，丁锡海. 基于改进 NSGA-Ⅲ 的网络采购供应商采购份额分配研究[J]. 机械制造，2010，48(8)：1-5.

[47]　李武，岳超源，张景瑞，等. 随机时变需求下有阶段和总量约束的多源采购优化[J]. 控制与决策，2010，25(2)：311-315＋320.

[48] WEBER C A, CURRENT J R, DESAI A. Noncooperative negotiation strategies for vendor selection[J]. European Journal of Operational Research, 1998, 108(1): 208-223.

[49] SAWIK. Single vs Multiple Objective Supplier Selection in a Make to Order Environment[J]. Omega, 2010, 3(8): 203-212.

[50] ARUNKUMAR N, KARUNAMOORTHY L, RAMESH B T. Linear approach for solving a piecewise linear vendor selection problem of quantity discounts using lexico graphic method[J]. International Journal of Advanced Manufacturing Technology, 2006, 28 (11): 1254-1260.

[51] SALMAN N S, TADEUSZ HOMED S, BABAK J, et al. Supplier selection and order allocation problem using a two-phase fuzzy multi-objective linear programming[J]. Applied Mathematical Modeling, 2013, 37(22): 9308-9323.

[52] MOGHADDAM K S. Fuzzy multi-objective model for supplier selection and order allocation in reverse logistics systems under supply and demand uncertainty[J]. Expert Systems with Applications, 2015, 42(15): 6237-6254.

[53] 何利芳, 陈奕娟, 张诚一. 供货不足条件下的生鲜食品采购量分配模型[J]. 物流技术, 2015, 34(5): 126-129.

[54] 孟懂懂. 集中采购模式下多目标订单分配模型研究[D]. 合肥: 合肥工业大学, 2016.

[55] 闫燕, 潘安成, 李占丞. 交货量不确定下装备制造企业绿色供应商选择[J]. 工业工程与管理, 2019, 24(5): 9-15.

[56] 劳克塞维茨. 战争论[M]. 中国人民解放军出版社, 2018.

[57] 黄莹. 基于供应链采购理论的采购方式选择研究[D]. 北京: 首都经济贸易大学, 2017.

[58] 哈特, 斯蒂格利茨. 契约经济学[M]. 经济科学出版社, 2003.

[59] 邹小军. 武器装备采购的双方治理研究[D]. 长沙: 国防科技大学, 2011.

[60] 王东. 基于"供应链契约"理论的政府采购行为: 理论与应用[J]. 中国政府采购, 2014, 137(3): 74-78.

[61] 郑秀申, 钱威望. 军以下部队物资定点采购探析[J]. 军队采购与物流, 2009, 11(5): 38-39.

［62］　张余华，罗丽. 供应链契约研究方法文献述评［J］. 战略决策研究，2012
　　　　（6）：91-96.

［63］　聂辉华. 契约理论的起源、发展和分歧［J］. 经济社会制度比较，2017，
　　　　33（1）：1-13.

［64］　PASTERNACK B A. Optimal pricing and return policies for perishable
　　　　commodities［J］. Marketing Science，2008，27(1)：133-140.

［65］　王迎军. 供应链管理—实用建模方法及数据挖掘［M］. 清华大学出版
　　　　社，2001.

［66］　魏菲. 供应链契约研究综述［J］. 物流工程与管理，2013，35（3）：106-108.

［67］　原总装备部. 装备采购方式与程序管理规定，2003.

［68］　中国物流与采购联合会系列报告：中国采购发展报告［R］. 2012.

［69］　刘张宏. 招标采购方式下武器装备定价初探［J］. 军事经济学院学报，
　　　　2013，20(3)：79-81.

［70］　韩杰，李亚平，方志耕. 考虑逆向选择的国防装备采办合同定价模型
　　　　［J］. 中国管理科学，2012，20(11)：536-539.

［71］　高宏坤. 框架协议招标采购在铁路物资采购中的探索与实践［J］. 铁路
　　　　采购与物流，2013（11）：60-63.

［72］　姬建民. 装备采购应强化需求牵引观念［J］. 装备学术，2006，30(1)：61-64.

［73］　宋湘川. 武器装备需求分析集对模型初探［J］. 光电与控制，2009，14(3)：
　　　　41-44.

［74］　张猛，郭齐胜，王晓丹，等. 武器装备需求论证基本概念研究［J］. 装甲
　　　　兵工程学院学报，2011，25(6)：1-5.

［75］　杨莉. 基于供应链管理的军队物资采购需求管理策略［J］. 军队采购与
　　　　物流，2016，15(4)：38-39.

［76］　王振合，赵志江. 英国武器装备精明采办举措给我们的思考［J］. 国外装
　　　　备动态，2001(4)：13-14.

［77］　耿东华，樊秋景. 武器装备采购供求分析［J］. 山西高等学校社会科学学
　　　　报，2007，19(6)：75-77.

［78］　熊杨松，厉峰. 陆军装备维修备件采购需求决策研究［J］. 军用标准化，
　　　　2011，13(6)：46-47＋53.

［79］　张银龙，申兆祥，卞士川，等. 装备可靠性、耐久性与寿命之间的关系
　　　　［J］. 四川兵工学报，2013，34(8)：76-79.

［80］　林原，战仁军，吴虎胜. 基于 DEMATEL-RS 的装备采购决策规则获取
　　　　［J］. 统计与信息论坛，2020，35（5）：87-92.

[81] TZENG G H, CHIANG C H, LI C W. Evaluation Intertwined Effects in E-learning Programs: A Novel Hybrid MCDM Model Based on Factor Analysis and DEMATEL Method[J]. Expert System with Applications, 2007, 32(4): 1028-1044.

[82] ZHANG Z W, YANG X Y, XUE Y J, et al. Attribute Reduction Method Based on Generalized Grey Relational Analysis and Decision-making Trial and Evaluation Laboratory[J]. IEEE Access, 2020, (8): 3175-3184.

[83] PERMADI G S, VITADIAR T Z, KISTOFER T, et al. The Decision Making Trial and Evaluation Laboratory (Dematel) and Analytic Network Process (ANP) for Learning Material Evaluation System[J]. 201E 3S Web of Conferences, 2019: 1-8.

[84] PAWLAK Z. Rough sets: Theoretical aspects of reasoning about data [M]. Dordrecht: Kluwer Academic Publishers, 1991: 71-78.

[85] 李丽红, 李爽, 李言, 等. 模糊集与粗糙集[M]. 北京: 清华大学出版社. 2015.

[86] AZAM N, YAO J T. Analyzing Uncertainties of Probabilistic Rough Set Regions with Game-Theoretic Rough Sets[J]. International Journal of Approximate Reasoning, 2014, 55(1): 142-155.

[87] LI G. An Integrated Model of Rough Set and Radial Basis Function Neural Network for Early Warning of Enterprise Human Resource Crisis[J]. International Journal of Fuzzy Systems, 2019, 21(8): 2462-2471.

[88] SUN B, CHEN X, ZHANG L, et al. Three-way decision making approach to conflict analysis and resolution using probabilistic rough set over two universes[J]. Information sciences, 2020, 507: 809-822.

[89] 王壬, 陈莹, 陈兴伟. 区域水资源可持续利用评价指标体系构建[J]. 自然资源学报. 2014, 29(8): 1441-1452.

[90] 常犁云, 王国胤, 吴渝. 一种基于 Rough set 理论的属性约简及规则提取方法[J]. 软件学报, 1999, 10(11): 1206-1211.

[91] 李树广. 防化装备维修保障资源预测与决策方法及应用研究[D]. 南京: 南京理工大学, 2012.

[92] ROBERT S P, DANIEL L R. Econometric Models and Economic Forecasts (4th Edition)[M]. China Machine Press, 1999.

[93] 王晓佳. 基于数据分析的预测理论与方法研究[D]. 合肥: 合肥工业大学, 2012.

[94]　邓聚龙. 灰色系统基本方法[M]. 2 版. 武汉：华中科技大学出版社，2005.

[95]　曾波，尹小勇，孟伟. 实用灰色预测建模方法及其 MATLAB 程序实现[M]. 北京：科学出版社，2018.

[96]　杨侃，巩青歌，王文俊. BP 神经网络在武器基数评估预测上的应用[J]. 计算机应用，2014，34(S1)：356-357＋360.

[97]　BATES J M, GRANGER C W J. The combination of forecasts[J]. Operations Research Quarterly, 1969, 20(4): 451-468.

[98]　陈朋，诸德放，杨桂考，等. 基于 GM(1, N)-FLR 模型的弹药平时消耗量预测[J]. 军械工程学院学报，2016，28(5)：1-4.

[99]　陈利安，肖明清，程相东. 航空弹药平时消耗量预测模型对比[J]. 弹箭与制导学报，2010，30(3)：239-242.

[100]　TANAKA H, UEJIMA S, ASAI K. Linear Regression Analysis With Fuzzy Model[J]. IEEE Transactions on Systems Man, and Cybernetics, 1982, (12): 903-907.

[101]　杜渐. 模糊多元回归模型在运输弹性系数预测中的应用[J]. 武汉理工大学学报(交通科学与工程版)，2009，33(2)：333-336.

[102]　龚艳冰，杨舒馨，戴靓靓. 基于可能性均值—方差距离的模糊线性回归模型参数估计[J]. 统计与决策，2018，21(8)：28-30.

[103]　胡宝清. 模糊理论基础[M]. 武汉：武汉大学出版社，2004.

[104]　DIAMOND P. Fuzzy Least Squares[J]. Information Science, 1988, (6): 141-157.

[105]　LU J L, WANG R L. An enhanced fuzzy linear regression model with more flexible spreads[J]. Fuzzy Sets and Systems, 2009, 160: 2505-2523.

[106]　曾波，刘思峰. 基于振幅压缩的随机振荡序列预测模型[J]. 系统工程理论与实践，2012，32(11)：2493-2497.

[107]　袁宇，关涛，闫相斌，等. 基于混合 VIKOR 方法的供应商选择决策模型[J]. 控制与决策，2014，29(3)：551-560.

[108]　杨成昱. 如何筛选合适的装备竞争性采购入围承制单位[J]. 海军装备维修，2016，21(1)：24-25.

[109]　朱沛智. 政府采购中供应商资格审查制度探究[J]. 天津师范大学学报(社会科学版)，2013，40(2)：70-75.

[110]　刘震等. SPSS 统计分析与应用[M]. 北京：电子工业出版社，2011.

[111]　林原，战仁军，吴虎胜. 基于混合改进 TOPSIS 的装备供应商选择方

法[J]. 工业工程与管理，2021，26(2)：75-82.

[112] 全国人民代表大会常务委员会. 中华人民共和国招标投标法，1999.

[113] HWANG C L, YOON K. Multiple Attribute DecisionMaking[J]. Economics and Mathematical Systems，1981.

[114] 王超，陈云翔，蔡忠义，等. 基于 TOPSIS 的直觉模糊多属性群决策方法[J]. 火力与指挥控制，2015，40(9)：11-15.

[115] OPRICOVIC S, TZENG G H. Compromise solution by mcdm methods：a comparative analysis of VIKOR and TOPSIS[J]. European J of Operational Research，2004，156(2)：445-455.

[116] HUANG X, CHEN M, WANG W, et al. Shelf－life Prediction of Chilled Penaeus vannamei Using Grey Relational Analysis and Support Vector Regression[J]. Journal of Aquatic Food Product Technology，2020，29(6)：507-519.

[117] 邓聚龙. 灰理论基础[M]. 武汉：华中科技大学出版社，2002.

[118] 李存斌，张建业，谷云东，等. 一种基于前景理论和改进 TOPSIS 的模糊随机多准则决策方法及其应用[J]. 运筹与管理，2015，24(2)：92-100.

[119] 梁昌勇，戚筱雯，丁勇，等. 一种基于 TOPSIS 的混合型多属性群决策方法[J]. 中国管理科学，2012，20(4)：109-117.

[120] ZADEH L A. Fuzzy Sets[J]. information and Control，1965，8：338-353.

[121] ATANASSOV K T. Intuitionistic Fuzzy Sets[J]. Fuzzy Sets and Systems，1986，20(1)：87-96.

[122] XU Z S, YAGER R R. Some Geometric Aggregation Operators based on Intuitionistic Fuzzy Sets [J]. International Journal of General Systems，2006，35(4)：417-433.

[123] XU Z S. Intuitionistic Fuzzy AggregationOperators[J]. IEEE Transactions on Fuzzy Systems，2007，15(6)：1179-1187.

[124] XU Z S. Some Similarity Measures of Intuitionistic Fuzzy Sets and Their Applications to Multiple Attribute DecisionMaking[J]. Fuzzy Optimization and Decision Making，2007，6(2)：109-121.

[125] ZHANG S, LIU S. A Gra-based Intuitionistic Fuzzy Multi-criteria Group Decision Making Method for Personnel Selection[J]. Expert Systems with Applications，2011，38(9)：11401-11405.

[126] 耿秀丽，叶春明. 基于直觉模糊 VIKOR 的服务供应商评价方法[J]. 工业工程与管理，2014，19(3)：18-24.

[127]　周延年，朱怡安. 基于灰色系统理论的多属性群决策专家权重的调整算法[J]. 控制与决策，2012，27(7)：1113-1116.

[128]　孙义，黄海峰. 属性和专家权重调整的自适应算法[J]. 自动化与信息工程，2013，34(2)：1-5.

[129]　李艳玲，吴建伟，朱烨行. 基于判断矩阵一致性程度的专家权重确定方法[J]. 计算机与现代化，2017，33(6)：20-24.

[130]　何立华，王栎绮，张连营. 基于聚类的多属性群决策专家权重确定方法[J]. 运筹与管理，2014，23(6)：65-72.

[131]　耿秀丽，肖子涵，孙绍荣. 基于双层专家权重确定的风险型大群体决策[J]. 控制与决策，2017，32(5)：885-891.

[132]　赵萌，任嵘嵘. 基于模糊熵的直觉模糊多属性群决策方法[J]. 数学的实践与认识，2014，44(23)：153-159.

[133]　梁昌勇，张恩桥，戚筱雯，等. 一种评价信息不完全的混合型多属性群决策方法[J]. 中国管理科学，2009，17(4)：126-132.

[134]　陈之宁，周存宝，李敏. 基于犹豫度专家残缺权重补充及其群决策方法[J]. 舰船电子工程，2012，32(7)：21-22.

[135]　周伟，何建敏，余德建. 直觉模糊群决策中专家权重确定的一种精确方法[J]. 控制与决策，2013，28(5)：716-720.

[136]　林原，战仁军，吴虎胜. 基于犹豫度和相似度的专家权重确定方法及其应用[J]. 控制与决策. 2021，36(6)：1482-1488.

[137]　NEWMAN R G. Single Sourcing：Short-term savings versus long-term problems[J]. Journal of Purchasing and Materials Management，1989，34：20-25.

[138]　COASE R H. The Nature of the Firm [J]. Economist，1937(4)：386-405.

[139]　YU H，ZENG A Z，ZHAO L. Single or dual sourcing：decision-making in the presence of supply chain disruption risks [J]. The International Journal of Management Science，2009(37)：788-800.

[140]　徐艳飞. 不确定性环境下最优供应商数量和订单分配问题研究[D]. 秦皇岛：燕山大学，2013.

[141]　张志祥. 基于风险防范的供应商选择评价及最优数量决策研究[D]. 武汉：武汉理工大学，2010.

[142]　NAM S H，VITTON J，KURATA H. Robust supply base managment：Determining the optimal number of suppliers utilized by contraction[J]. International Journal of Production Economics，2011，134(2)：333-343.

[143] MIRAHMADI N，SABERI E，TEIMOURY E. Determination of the optimal number of suppliers considering the risk：emersun company as a case study[J]. Advanced Materials Research，2012，440：5873-5880.

[144] BERGER P D. How many suppliers are best? A decision：analysisapproach[J]. Omega，2004，32(4)：9-15.

[145] 黄辉，梁工谦，隋海燕. 不同风险环境下的供应商数量决策模型研究[J]. 生产力研究，2008(18)：63-65.

[146] 陈可嘉，金烁，林月柑. 考虑供应链中断风险的最优供应商数量决策[J]. 工业工程与管理，2016，21(4)：80-85.

[147] 商学娜，郑建国. 基于风险防范的供应商数量优化决策[J]. 工业工程，2008，11(6)：34-37.

[148] 张存禄，王子萍，黄培清，等. 基于风险控制的供应链结构优化问题[J]. 上海交通大学学报，2005，39(3)：468-470，478.

[149] 汤世强，季建华. 基于防范机会主义的供应商数量研究[J]. 工业工程与管理，2006，11(5)：28-31.

[150] 乔辰，张国立. 几何加权法求解多目标规划问题[J]. 华北电力大学学报(自然科学版)，2011，38(6)：107-110.

[151] 高翠娟，张桦. 装备采购竞争性谈判中供应商间的博弈分析[J]. 现代商业，2008，15(2)：280-281.

[152] WOLFSTETTER E. Auctions：an Introduction[J]. Journal of Economic Surveys，1989，10(4)：367-420.

[153] 曾宪科. 面向采购的反向多属性英式拍卖模型与投标策略研究[D]. 哈尔滨：哈尔滨工业大学，2015.

[154] TEICH J E，WALLENIUS H，WALLENIUS J，et al. Emerging multiple issue e-auctions[J]，European Journal of Operational Research，2004，(159)：1-16.

[155] DAVID E，AZOULAY-SCHWARTZ R，KRAUS S. Bidding in Sealed—bid and English Multi-attribute Auctions[J]. Decision Support Systems，2006，42(2)：527-556.

[156] 孙亚辉，冯玉强. 多属性密封拍卖模型及最优投标策略[J]. 系统工程理论与实践，2010，30(7)：1186-1189.

[157] 曾宪科，冯玉强. 逆向多属性拍卖投标策略及收益性分析[J]. 管理科学学报，2015，18(9)：24-33.

[158]　饶从军，赵勇，李武. 可分离物品多属性多源采购的优化决策模型[J]. 控制与决策，2011，26(3)：433-438.

[159]　倪冬生. 协议供货采购方式的问题与解决方法[J]. 中国流通经济，2013，27(8)：69-72.

[160]　谭海涛，雍俊华，蔡永刚. 基于声誉效应的装备采购道德风险防范机制分析[J]. 军事经济研究. 2011(1)：45-48.

[161]　斯密. 国富论[M]. 北京：台海出版社，2016.

[162]　林原，战仁军. 基于演化博弈的装备采购合作机制研究[J]. 武警工程大学学报，2017，33(4)：36-38.

[163]　陈晓和，安家康. 基于演化博弈的军民融合资源共享机制[J]. 安徽师范大学学报(人文社会科学版). 2011，39(6)：651-657.

[164]　TAYLOR P D，JONKER L B. Evolutionarily Stable Strategy and Game Dynamics [J]. Mathematical Biosciences. 1978(40)：145-156.

[165]　FRIEDMAN D. Evolutionary games in Economics [J]. Econometrica. 1991，59(3)：637-666.

[166]　刘彩霞. 采购份额动态调整模型构建研究：基于对供应商的绩效评价[D]. 广州：广东商学院，2013.

[167]　黄士娟. 混合信息下的销售人员动态绩效评价方法及应用研究[D]. 南昌：南昌大学，2016.

[168]　庄忠难. 基于 SCOR 与混合 TOPSIS 法的供应商绩效评价研究[D]. 徐州：中国矿业大学，2016.